똑 부러지게
핵심을
말하는 아이

학습, 관계, 논리, 자신감을 채우는 초등 말하기의 힘

똑 부러지게
핵심을
말하는 아이

오현선 지음

말 많은 세상에 놓인 아이가
스스로를 지키는 법

말이 참 많아진 시대입니다. 스마트폰을 꺼내 어딘가에 접속하기만 하면 많은 이들이 다양한 경로로 다양한 것을 알리기 위해 계속 말을 하고 우리는 또 이를 끊임없이 소비합니다. 말이 많아진 시대, 우리 어린이들은 어떤 말을 듣고, 또 하고 있을까요?

저는 어린이들의 말에 둘러싸여 사는 직업을 가지고 있습니다. 제가 운영하는 독서 교실에는 매일 많은 어린이들이 와서 이런저런 말들을 내놓고 갑니다. 읽은 것에 대해 말하고, 자신의 생각을 말하고, 친구들끼리 서로 소통하는 말을 합니다.

어린이들의 말을 잘 듣다 보면 참 사랑스럽기도 하고 사려 깊음에 감동받기도 합니다. 세상을 보는 그대로, 느끼는 그대로, 생각한 그대로 말하는 모습이 너무도 예쁩니다. 그런데 아주 가끔은 어디에서 들었을지 모를 말을 툭툭 뱉는 모습을 봅니다. 말하려는 의지는 강한데 횡설수설하며 도무지 정리되지 않은 말하기를 하다가 자신의 말에 자신이 꼬여 넘어지는 모습도 봅니다.

이런 어린이들이 조금 더 차분하게 말하기를 했으면 하는 마음에 저는 수업 중 '잠깐'이라는 말과 함께 어떻게 말해야 하는지 간단히 정리해서 알려주곤 했습니다. 물론 일주일 뒤 다시 만나면 또다시 생각도 마음도 정리되지 않은 채 잔뜩 엉켜버린 말들을 쏟아내지만, 차분히 포기하지 않고 계속하다 보니 어느 순간 숨 고르기부터 하며 차분히 말하는 어린이를 볼 수 있었습니다.

저는 읽기와 쓰기를 가르치는 사람이지만, 이렇게 그 사이에 있는 '말하기'에도 관심을 갖고 지도하는 이유는 명확합니다. 말은 그 사람의 '모든 것'이기 때문입니다. 감정 말하기, 생각 말하기, 아는 것 말하기 등 말하기의 종류는 여러 가지인데요. 종류가 무엇이든 간에 말은 결국 그 사람 자체를 보여주는 것이므로 자꾸 신경 써서 알려줄 수밖에 없더라고요.

말하기 능력이 중요한 시대에 살고 있는 만큼 우리는 좀 더 적극적으로 말하기를 가르쳐야 합니다. 보통 말을 잘한다고 하면 일방적인 말하기나 큰 무대에서의 발표 등을 떠올리기 쉽지요. 그런데 일상에서의 말하기를 잘하지 못하는데 발표 등 공적인 말하기를 잘할 순 없습니다. 일상에서의 말하기부터 공적인 말하기까지 이 한 권의 책에 모두 담아내려 노력한 이유입니다. 나아가 말하기의 기술보다 중요한 태도를 곳곳에서 언급하며 그 중요성을 강조했지요. 무엇보다 요즘 어린이들이 많이 어려워하는 친구들과의 소통 능력을 키우는 방법도 구체적으로 다루어 의사소통의 어려움을 덜어주고자 했습니다.

어린이는 세상에 홀로 살지 않습니다. 어른들의 말 속에 놓인 채로 살아가지요. 이 책을 읽고 지도하는 우리 어른들의 말하기도 더불어 돌아보며 어린이의 말하기를 도와주세요. 그리고 무엇보다 가장 중요한, 말의 힘은 깊은 생각에서 비롯된다는 것을 알려주세요. 이렇게 함께 말을 다듬어가다 보면 자기를 잘 표현하는 건강한 어린이가 될 수 있을 거라고 믿습니다.

프롤로그

말 많은 세상에 놓인 아이가 스스로를 지키는 법 ※ 4

초등학생부터는 말을 잘해야 합니다
: 말 잘하는 아이만이 가진 특별한 능력

01. 말 잘하는 아이로 자란다는 것의 의미 ※ 13
02. 자기표현이 부족한 아이들의 특징 ※ 17
03. 말만 잘해도 얻을 수 있는 것 ※ 22
04. 핵심 생각의 절대원칙! 뼈대가 있는 '구조적 말하기' ※ 28

말을 잘하려면 이것이 필요합니다
: 절대 놓쳐서는 안 되는 소통의 기본 원칙

01. 내 말만 옳은 건 아니라는 생각 ※ 35
02. 생각의 힘을 키우기 위해 필요한 독서의 힘 ※ 40
03. 말하기의 기본 태도, 경청의 중요성 ※ 45
04. 부모의 질문으로 시작하는 밥상머리 토론 ※ 52
05. 자신의 의사를 명확히 설명하는 연습 ※ 59
06. 아이의 어휘력을 키우는 부모의 말 ※ 63

3장 일상 속 말하기
: 표현의 기초 근력을 키우는 법

01. 시를 활용해 유창하게 말하기 ☀ 73

02. 이야기글을 활용해 유창하게 말하기 ☀ 79

03. 말하기의 시작을 돕는 1분 스피치 ☀ 85

04. 식탁에서 하는 먹방 유튜버처럼 말하기 ☀ 92

05. 단어의 특징 설명하며 말하기 ☀ 97

06. 상품을 판매하는 말하기 ☀ 103

07. 기자처럼 말하기 ☀ 109

08. 여행에서 있었던 일 말하기 ☀ 116

09. 속담을 활용한 말하기 ☀ 124

10. 사자성어를 활용한 말하기 ☀ 129

4장 주제별 말하기
: 아이의 사고력과 자신감을 키우는 법

01. 생각을 먼저 정리하며 말하기 ☀ 137

02. 지나간 일들을 떠올리며 말하기 ☀ 144

03. 자신의 생각을 진실되게 말하기 ☀ 153

04. 나에 대해 당당하게 말하기 ☀ 161

05. 반장 선거 공약 말하기 ☀ 169

06. 학습 후 정리하는 말하기 ☀ 175

07. 신문 기사 읽고 말하기 ☀ 180

08. 사회 문제에 대해 말하기 ☀ 186

5장 책 읽고 말하기
: 스스로 읽고 표현하는 힘을 채워주는 법

01. 이야기책에 담긴 내용 말하기 ※ 195
02. 이야기책 읽고 느낀 점 말하기 ※ 202
03. 이야기책 읽고 비평하는 말하기 ※ 208
04. 지식 책에 담긴 내용 말하기 ※ 213
05. 지식 책에 대해 소개하는 말하기 ※ 218
06. 지식 책 읽고 비평하는 말하기 ※ 223

6장 친구와 말하기
: 건강한 인간관계를 위한 소통법

01. 공감하는 말하기 ※ 231
02. 자신의 잘못을 사과하는 말하기 ※ 238
03. 친구에게 부탁할 때 필요한 말하기 ※ 243
04. 무례한 친구의 말에 대응하는 말하기 ※ 249
05. 상대방의 무리한 부탁을 거절하는 말하기 ※ 253

에필로그

자신을 한껏 표현할 수 있는 아이로 자란다는 것 ※ 258

1장

초등학생부터는
말을 잘해야 합니다

: 말 잘하는 아이만이 가진 특별한 능력

01
말 잘하는 아이로
자란다는 것의 의미

말 잘하는 사람에 대한 선망은 시대를 막론하고 항상 있어왔습니다. 대중 앞에서 말을 잘하는 사람은 상당히 박학다식해 보입니다. 무엇보다 자신감이 있어 보입니다. 긍정적 에너지를 전해주는 것 같아 유쾌해지기도 합니다. 말을 잘한다는 것은 어떤 방식으로든 다른 사람에게 부러움을 산다는 생각이 들어요.

그래서인지 우리 아이가 말을 잘하면 좋겠다는 생각을 자연스럽게 하게 됩니다. 생각이든 마음이든 잘 표현하지 못하는 어린이를 보면 부모님은 걱정되기도 합니다. 더 나아가 좀 더 '잘했으면' 하는 마음이 드는 것도 당연합니다. 제가 운영하는 독서 교실에 독서 논술 수업을 받기 위해 상담하러 오는 부모님도 대부분 아이가 말을 잘했으면 좋겠다는 소망을 내비치십니다.

그런데 말을 잘한다는 것은 과연 어떤 것일까요? 말을 잘한다고 하면 우리는 흔히 아나운서 같은 완벽한 발성과 발음, 또는 화려한 언변을 떠올립니다. 그래서 실제로 어린이 스피치 교실이나 웅변 학원 같은 곳을 다녔다는 어린이를 종종 만납니다. 특히 아이가 의사표현 능력이 부족하다고 느끼는 경우, 스피치 학원을 보내는 것을 종종 봅니다.

말을 잘하기 위해서는 물론 발음과 발성도 매우 중요합니다. 그러나 그보다 더 중요한 것이 있습니다. 바로 '전하고자 하는 바를 명확히 전달하고 있는가'입니다. 특히 공적 말하기보다 사적 말하기를 더 많이 하는 어린이들은 상대와 소통하는 말하기를 주로 하기 때문에 그 중요성은 더욱 커집니다. 소통에서 가장 중요한 것은 내용 자체를 잘 전달하는 것이지요.

어린이가 하교 후 학교에서 있었던 일을 말하는 상황을 가정해 볼까요.

"엄마, 배고파요. 먹을 거 주세요. 아, 진짜 미워요."

어떤 말을 하고 싶은 것인지 좀처럼 감이 잘 잡히지 않습니다. 배가 고프다는 것은 알겠는데 그에 어울리지 않는 문장이 따라옵니다. 과연 누가 미운 것인지 단서가 없으니 알 수 없어요. 두 가지 말을 이어서 하는 이유조차 파악하기 쉽지 않습니다. 아이가 하고 싶었던 말을 다음과 같이 표현했다면 좀 더 이해하기 쉬웠을 겁니다.

"엄마, 아까 급식을 받고 있는데 친구가 옆에서 막 뛰는 거예요. 그래서 급식을 쏟아버렸지 뭐예요. 다시 받긴 했는데 선생님하고 함께 치우다 보니 많이 못 먹었어요. 그래서 지금 배가 너무 고파요. 일단 뭐든 먹고 싶어요. 그나저나 그 친구 정말 미워요."

이렇게 상황과 생각이 잘 드러나게 말하면 다소 문법에 맞지 않는 표현이 있거나 표현이 서툴더라도 말하고자 하는 바를 정확히 전달할 수 있습니다. 글쓰기가 그렇듯 말하기 역시 '내용'의 생성과 '전달'이 가장 중요한 것이지요.

물론 그다음 영역들도 중요합니다. 하고자 하는 말이 잘 전달되려면 상황에 맞는 어조와 태도를 취해야 합니다. 의사 전달이 잘 되려면 적확한 어휘를 사용해서 말해야 합니다. 또한 얼버무리지 말고 완결된 문장으로 말해야 합니다. 무엇보다 주로 사적 말하기를 하는 어린이들은 공적 말하기보다 두드러진 사적 말하기의 특징인 '직접 소통'을 위해 듣는 이가 누구인지 고려해서 상황에 맞게 말하는 것이 중요합니다. 그리고 마지막으로 정확한 전달을 위해 발음과 발성, 그리고 말의 억양에 신경 써야 하고 생각할 틈을 주어 이해를 돕기 위해 적절한 시점에서 쉬어가는 것도 필요합니다.

　　말을 잘한다는 것은 결국 말하기의 기술과 능력, 태도를 같이 키운다는 뜻입니다. 생각보다 어렵고 복잡한 일이지요? 이 책을 읽는 우리 어른들이 말을 잘하고 있는가 생각해보면 좀 더 쉽게 이해할 수 있을 거예요. 말하기가 얼마나 어려운지 말이에요.

　　이 책에서는 말하기 기술과 능력, 태도를 모두 키울 수 있는 방법을 이야기해 나갈 거예요. 차근차근 따라오면서 어린이와 함께 실천하다 보면 어느새 서로의 말하기 능력이 성장했다는 것을 느낄 수 있을 거예요. 그리고 가장 중요한 '소통'의 창이 열린다는 것도요.

02
자기표현이 부족한
아이들의 특징

열 살 하민이가 수업 중 자주 하는 말이 있습니다. 어떤 친구가 책의 내용이나 생각, 자기 경험 등에 대해 이야기할 때면 "아, 내가 하려던 말이 바로 그 말인데!"라고 말하곤 했어요. 거의 매주 수업을 받을 때마다 이렇게 말하는 하민이는 그러나 한 번도 먼저 이야기를 한 적이 없었습니다. 가끔 제가 발표를 시켜보면 이와 비슷한 말을 하는 어린이들이 있어요. "선생님, 제가 하려던 말이 방금 이 친구가 한 말과 같아요"라고 말하는 식이지요.

이렇게 말하는 어린이들은 모두 그저 말할 기회를 놓친 것뿐일까요? 정말 말할 만한 상황이 되지 않아서 말하지 못한 것일까요? 그 어린이에게 말할 기회가 주어졌다면 앞서 말한 친구처럼 이야기할 수 있었을까요?

답은 '아니오'입니다. 내가 말하려고 했던 것이 분명했다면 이미 말했을 겁니다. 어느 자리에서든 어떤 상황에서든 필요에 의해 혹은 상황에 의해 그 말을 했을 거예요. 말하지 않았다는 것은 사실 실체가 없다는 뜻입니다. 무언가 눈에 보이는 듯하지만 잡으려고 하면 사라지는 비눗방울처럼요.

좀 더 자세히 설명하면 이렇습니다. 우선 생각 자체가 없을 수 있습니다. 생각은 본래 애매한 것이어서 머릿속 한구석에 뭉뚱그려진 채 쭈그리고 있습니다. 그러다가 언젠가는 말로 표현되지요. 사람이 자기 생각을 숨기고 사는 것은 쉬운 일이 아니어서 적절한 상황이 되면 그 생각이 말로 나오게 되어 있어요. 그런데 한 번도 말을 꺼내지 않았다는 것은 아직 애매한 덩어리 상태로 있다는 뜻입니다.

생각은 있지만 이를 끌어내줄 어휘가 없을 수도 있습니다. 어휘는 머릿속 애매한 생각을 말로 꺼내게 도와주는 수단입니다. 땅속 흙을 파내려면 삽이 필요하지요. 삽이 없으면 땅속의 흙을 밖으로 꺼낼 수 없습니다. 어휘는 바로 삽 역할을 합니다. 여기서 생각은 '아는 것'이라고 바꿔 말할 수 있습니다. 아는 것 역시 머릿속에 애매하게 자리하고 있거나 그것을 꺼낼 수 있는 도구인 어휘가 없으면 말이 되지 못합니다.

사례로 든 하민이는 사실 어휘력도 부족하고 읽기력도 부족했습니다. 부모님과 오랫동안 상담하면서 하민이가 언어 자극이 많이 부족할 수밖에 없는 환경에서 자랐다는 것을 알게 되었습니다. 일곱 살 때 급하게 한글을 배웠는데, 한글 교육 전후로 독서가 거의 이뤄지지 않아 활자 민감성이 많이 떨어져 있었습니다. 책을 읽어도 눈에 들어오지 않으니 대강 훑어보는 식의 글 읽기가 습관화되어 있었어요. 그렇게 읽으면 내용이 거의 이해되지 않기 때문에 내용을 바탕으로 하는 말을 잘 할 수 없습니다. 읽기가 걷기라면 말하기는 뛰기인데, 걷지 못하니 당연히 뛰지도 못하는 것이지요.

읽기의 부재는 어휘의 빈곤을 초래합니다. 말을 담는 그릇인 어휘가 부족하니 말하는 게 점점 더 어려워집니다. 이런 상황이다 보니 친구들이 무언가 이야기하면 그제야 머릿속에 떠돌던 생각이 정리되어 마치 그것이 자신의 생각 또는 아는 것이라 여기게 되고 늘 "내가 하려던 말이 바로 저 말이에요"라고밖에 할 수 없었던 거예요.

더 안타까운 점은 이렇게 자기를 말로 표현할 능력이 부족한 어린이들은 수업 시간에 집중하지 못하고 소외되어 있기 쉽다는 겁니다. 대화는 배드민턴을 치는 것처럼 서로 주고받아야 가능한데, 하민이는 말하기 능력이 부족하다 보니 늘 친구가 하는 말을 따라 하거나 수업 중에 나온 단어 하나에 집착해 말꼬리를 잡는 식으로 말했습니다. 그러다 보니 수업의 흐름이 끊기는 건 둘째 치고 대화의 흐름이 끊어지는 것을 불편해하는 친구들에게 종종 핀잔을 들었습니다.

하민이는 수업을 받는 상황이 아니라 친구들과 대화하는 상황에서도 또래인 열 살짜리 친구들보다 훨씬 어린 아이들이 쓰는 단어를 사용하고 말하는 내용 자체가 대체로 나이와 맞지 않아 종종 친구들과 갈등을 겪었습니다. 이처럼 좋은 마음에 친구에게 다가서더라도 표현되는 말이 나이나 상황과 맞지 않으면 친구 관계에서 문제를 겪을 수밖에 없습니다.

말하기 능력이 부족하다는 것은 결국 생각이나 앎, 소통 능력의 부재를 뜻합니다. 내 아이가 어디서든 자신을 잘 표현해서 소외되지 않기를 바란다면 말하기 능력을 꼭 키워주세요.

저는 하민이 부모님에게 몇 차례나 독서와 대화를 통한 언어 자극의 중요성을 말씀드리고 아이에게 책을 읽어주라고 간곡히 부탁드렸어요. 열 살에 저를 만난 하민이가 열두 살, 열세 살이 되어서도 말하기 능력이 부족해서 문제를 겪는다면 너무도 가슴이 아플 것 같았어요. 그래서 저 역시 수업 중 하민이의 말하기 능력이 성장할 수

있도록 최선을 다해 도왔어요. 한 사람으로 온전히 자립하기 위해서
는 말하기 능력을 반드시 갖춰야 하니까요.

03
말만 잘해도
얻을 수 있는 것

열 살 민지가 수업을 마치고 간 후 얼마 되지 않아 민지 어머니에게 전화가 왔습니다. 수업 시간에 옆 친구가 민지의 지우개를 말없이 가져다 쓴 것이 속상했나 봅니다. 수업이 끝난 뒤 기다리고 있던 엄마에게 이야기했고, 그 이야기를 들은 어머니가 연락해 오신 거였어요. 수업 중 눈에 띄는 작은 마찰도 없었기에 전혀 눈치채지 못했던 저는 죄송하다는 말과 함께 다음 수업 시간 때 친구의 지우개를 마음대로 가져다 쓴 어린이에게 주의를 주겠다고 답하고는 통화를 마쳤습니다.

그런데 그와 비슷한 일이 한동안 계속됐습니다. 민지가 수업 중에 화장실을 가고 싶었는데 말을 하지 못했으니 다음에는 중간중간 체크해달라거나, 민지가 책을 가져가지 않았는데 그 이유를 말하지 못할 것 같으니 미리 이야기한다는 것 같은 내용이었어요. 한마디로 민지의 의사 표현을 어머니가 대신해주는 셈이었지요. 저는 민지가 스스로 의사 표현을 할 수 있도록 최대한 돕겠다고 말하고 열심히 지도했으나, 사실 쉽지 않았습니다. 어머니가 모든 것을 대신 표현해주니 민지는 점점 더 스스로 표현하려고 하지 않았어요. 그리고 얼마 뒤 헤어지는 바람에 제가 더 이상 무엇을 할 수도 없는 상황이 되었습니다.

말하기 능력이 중요한 이유는 매우 명확하고 단순합니다. 한마디로 표현하면, 말하기가 가장 기초적인 의사소통 수단이기 때문이에요. 언어가 생겨난 이후 인간은 말하기로 의사소통을 해왔고 앞으로도 계속 그럴 겁니다.

좀 더 자세히 이야기해볼까요. 말하기 능력이 중요한 이유는 의사소통의 기본이기 때문입니다. 가정은 어린이가 만나는 최초의 사회입니다. 주로 사적 말하기가 이루어지는 곳이지요. 가족은 서로 잘 안다는 이유로 대화를 생략하는 경우가 많습니다. 그런데 그렇게 조금씩 대화가 줄어들다 보면 결국 오해가 쌓여 갈등의 순간을 마주하게 됩니다. 사실 가장 잘 안다고 믿었던 사람이 가장 모르는 사람일 수도 있다는 것을 모두들 알 거예요.

다음으로 말하기 능력은 친구 관계에서도 필수적입니다. 서점에 가면 어린이의 말하기 기술이나 방법에 관한 책들이 정말 다양하게 나와 있고, 많은 독자들의 사랑을 받고 있어요. 그만큼 친구 관계에서의 말하기가 중요하며, 많은 어린이들이 말하기에 어려움을 느끼고 있다는 것을 보여주는 증거가 아닐까 합니다. 실제로 어린이들과 대화하다 보면 의사 표현을 잘하지 못하는 경우 왜 제대로 말하지 못했을까 뒤늦게 자책하거나 후회하고, 그로 인해 친구 관계에 어려움을 겪는 일도 자주 봅니다.

말하기 능력은 사고력 차원에서도 중요합니다. 말을 한다는 것은 자신의 사고를 음성으로 변환시켜 표출하는 것입니다. "밥 먹자", "잘 다녀왔어?"처럼 일상생활에서 주고받는 한두 단어로 이루어진 매우 짧은 문장을 생각하면 과연 말하기가 사고력과 어떤 관련이 있을까 하는 생각이 들 겁니다. 그런데 자신의 생각이나 의견을 표현하는 말하기는 사실 그렇게 단순한 문장으로 이뤄지지 않습니다. 어린이가 오늘 학교에서 있었던 재미있는 일을 부모님에게 전달하는 단순한 상황만 상상해봐도 금세 알 수 있는 사실입니다. 재미있었던 상황을 떠올려 생각하는 힘을 발휘해 언어로 구성해야 생각한 바를 잘 전달할 수 있습니다.

　　말로 자신의 생각을 표현하는 것은 꽤 복잡한 일입니다. '어린이의 독서'에 대한 생각을 말한다고 가정해볼까요. 머릿속에 무언가 뭉뚱그려져 있다고 해도 그것을 상대가 잘 이해할 수 있도록 언어로 표상하는 것은 결코 쉬운 일이 아닙니다. 언어로 인간의 복잡한 생각을 모두 담아내는 것은 불가능할 뿐만 아니라 특히 구어는 문어에 비해 복잡한 사고 체계를 표현하기 어려운 수단이기 때문에 그렇습니다. 자신의 사고를 말로 표현하는 경험이 많아질수록 말하기 훈련뿐만 아니라 자연스럽게 사고력 훈련이 이뤄집니다. 말하기가 사고력을 발전시킨다고 말할 수 있는 이유입니다.

　　말하기는 또한 글쓰기 능력을 키워주기도 합니다. 앞서 말씀드렸듯, 저는 어린이들을 대상으로 독서 논술 수업을 하고 있습니다. 독서 논술은 읽기, 쓰기, 듣기, 말하기, 생각하기 통합 수업이에요. 이 모든 것은 수레바퀴처럼 같이 굴러가며 함께 발전하는 능력이기 때문에 무엇 하나만 떼어 발전시킬 순 없습니다. 보통 표면적으로 한두 가지만 뛰어나 보이기 때문에 그 능력만 있다고 생각하기 쉬운데, 실제로는 잠재된 다른 능력이 또 다른 능력들을 더욱 발전시키는 것이지요.

말을 잘한다는 것은 여러 가지 의미가 있지만, 궁극적으로 하고자 하는 말을 구조에 맞게 잘 표현하는 것입니다. 예를 들어, 자신이 좋아하는 음식에 대해 말한다고 가정해볼까요. 말을 잘하는 어린이는 먼저 좋아하는 음식을 떠올립니다. 그리고 자신이 그 음식을 왜 좋아하는지, 그 음식을 얼마나 자주 먹는지, 그 음식을 먹을 때면 어떤 마음이 드는지 등 무엇을 말할지 구상하고 나름대로 중요도를 판단해 순차적으로 말을 합니다. 즉, 구조적 말하기를 잘합니다.

글쓰기를 할 때 '무엇을 쓸까' 다음으로 중요한 것은 '어떻게 쓸까'입니다. 말의 구조도 이와 비슷합니다. 구조적 말하기를 잘하면 결국 글쓰기도 잘하게 되는 이유입니다. 그래서 저는 수업 중 글을 쓰기 전 반드시 말로 먼저 표현해보는 활동을 갖습니다. 머릿속에 뭉뚱그려져 있는 생각을 명확히 인지하게 하려는 목적도 있지만, 더 큰 목적은 구조적 말하기를 먼저 경험해서 글쓰기를 좀 더 수월하게 하기 위해서입니다.

누구나 알고 있지만, 말하기는 사실 쉽지 않은 일입니다. 말하기는 다른 사람과 인격적으로 만나기 위한 시작이며, 자신의 내적·외적 부분들이 공개적으로 표현되는 중요한 일이지요. 자신의 선택에 따라 어떤 공간에서 말하지 않는 것을 택했다고 해서 말하기 능력이 없는 것은 아닙니다. 목소리가 크거나 당차 보인다고 해서 말을 잘한다고 볼 수도 없고요.

제가 말하기 능력을 이야기하는 가장 궁극적인 이유는 '자기 인식'과 '자기화'에 있습니다. 저는 학부모, 독서 교사들을 대상으로 독서 교육과 관련된 강의를 하고 있습니다. 강의를 한다는 것은 제가 가진 지식과 생각을 말로 표현하는 과정입니다. 강의를 할수록 제가 하는 말과 말로 표현되는 제 생각을 끊임없이 점검하고 다듬게 됩니다. 자기 생각을 끊임없이 인식하고 다듬어가는 과정은 곧 '자기를 인식'하고 나아가 '자기다운 자기'가 되는 과정이라고 할 수 있습니다.

말하기는 타인에게 나의 것을 전송하는 행위처럼 보이지만 결국 자기에게 다가서는 길인 것이죠. 우리 어린이들도 말하기를 통해 인간이 살면서 꼭 도달해야 할 '자신'에게 다가설 수 있기를 바랍니다.

04
핵심 생각의 절대원칙!
뼈대가 있는
'구조적 말하기'

4학년 민정이는 글을 쓸 때면 갑자기 이야기가 삼천포로 빠지곤 합니다. 분명히 글을 쓰기 전에 개요를 짜는데도 한참 쓰다 보면 다른 길로 가게 되는 것이죠. 길을 가다가 요리조리 곁길로 빠지다 보면 목적지에 도착하기 어려워지는 것처럼 글의 결말이 이상해지거나, 처음 의도한 것과는 전혀 다른 글이 되어버리거나, 무엇을 말하려는 건지 알 수 없는 애매한 글이 됩니다.

민정이는 사실 말하기를 할 때도 비슷한 모습을 보입니다. 질문에 답하다가 어느새 다른 이야기를 합니다. 그러다 보니 늘 마무리가 제대로 되지 않습니다.

사실 말을 하거나 글을 쓸 때 하나의 주제를 흔들림 없이 끝까지 밀고 나가는 것은 쉽지 않은 일입니다. 부끄럽지만 저도 강연을 하다가 다른 길로 빠질 때가 종종 있습니다. 다행히 지금은 그런 일이 많이 줄었지만, 이렇게 되기까지 많은 연습이 필요했습니다.

말하기와 글쓰기를 할 때 다른 길로 빠지는 것은 무엇보다 '하고자 하는 말이 너무 많기' 때문이에요. 자기소개를 한다고 가정해볼까요. 나에 대해 어떤 것을 말해야 할지 생각들이 잔뜩 엉켜 있다면 횡설수설하게 됩니다. 아래 예시를 볼까요?

"안녕하세요? 저는 4학년 이민정입니다. 저는 예쁜 스티커 모으는 것을 좋아해요. 그런데 너무 많이 사서 가끔 엄마가 못 사게 해서 속상합니다. 어, 우리 엄마는 스티커는 안 사주지만 먹을 건 잘 사주세요. 사실 아까 엄마한테 혼나서 기분이 안 좋아요. 아까 문구점에 갔는데 오늘은 샤프를 샀어요."

자기소개를 하려면 자신의 어떤 모습을 이야기할지 정리되어야 합니다. 민정이는 스티커 이야기를 하다가 엄마가 생각났고, 그러다 보니 아침에 혼난 게 떠올랐어요. 그러다가 갑자기 문구점 이야기로 넘어갔지요. 이처럼 무엇을 이야기하려는 것인지 알 수 없는 말이 된 것은 '자기소개'라는 큰 주제가 아니라 자신이 꺼낸 단어에 종속된 말하기를 했기 때문입니다. 이렇게 말하다 보면 계속 줄줄 이어서 말할 수는 있지만 끝맺음이 쉽지 않아요.

이런 경우, 가끔 '말을 잘한다'고 오해하기도 합니다. 어린이가 무언가 계속 이야기하니 말을 잘하는 것처럼 느껴지는 것이죠. 상담을 하다 보면 "우리 아이가 말은 잘하는데, 글을 못 쓴다"라거나 "평소엔 말을 잘하는데 어디 나가서 말해야 하면 횡설수설한다"라는 이야기를 자주 듣습니다. 이렇게 생각하게 되는 이유는 말을 잘한다는 것에 대해 오해하고 있기 때문이에요. 목소리가 크거나 자신감 있게 느껴지는 경우, 발화량이 많은 경우, 자신이 아는 것을 계속 이야기하는 것뿐인데도 말을 잘한다고 오해하기 쉬워요.

말을 잘하는 것이 글쓰기와 연결되려면 '구조적 말하기'를 잘해야 합니다. 평소 우리 아이는 말을 잘한다고 생각했는데, 다른 사람들 앞에서 말할 때 이야기는 계속 이어지지만 정확히 무엇을 말하려는 것인지 알 수 없는 경우가 있어요. 그런 어린이는 말을 잘하는 것이 아니라 발화량이 많은 것뿐입니다.

이런 어린이들은 대개 나열하는 식의 말을 합니다. 큰 기준이나 구조 없이 그냥 이야기를 계속 꺼내놓는 것이죠. 처음, 중간, 끝 정도의 구성으로 갖춰서 말하는 것조차 못합니다.

글을 쓸 때 우리는 그냥 생각나는 대로 쓰진 않습니다. 물론 처음에는 마구 써보면서 길을 잃어보는 경험을 꼭 해야 합니다만, 어느 정도 필력이 붙은 후에는 구조에 맞게 글을 써야 하고자 하는 말이 잘 전달됩니다. 혼자 끄적이는 사적인 글쓰기는 상관없지만 학교에서 배우는 글쓰기, 어딘가에 제출해야 하는 글은 구조에 맞게 써야 합니다. 말을 잘하는 것은 결국 글쓰기 실력으로도 이어집니다. 구조적 말하기를 잘해야 구조에 맞는 글쓰기도 잘할 수 있습니다. 우리 아이의 글이 늘 횡설수설하는 식이라면 평소 말하기를 잘할 수 있게 도와주세요. 구체적 방법은 이 책에서 계속 안내하겠습니다.

2장

말을 잘하려면
이것이 필요합니다

: 절대 놓쳐서는 안 되는 소통의 기본 원칙

01
내 말만 옳은 건
아니라는 생각

        똑똑하게 말을 잘하는 어린이를 보면 어른들은 하나같이 칭찬합니다. "말을 참 잘하는구나"부터 "나중에 훌륭한 사람이 되겠다"까지 칭찬의 내용도 비슷비슷합니다. 저처럼 작은 모둠으로 어린이들을 만나는 선생님이나 비교적 다수의 아이들을 만나는 선생님처럼 아이들이 모여 있는 공간에 있다 보면 말을 잘하는 어린이가 유독 눈에 띄는 것도 사실입니다. 눈에 띄다 보니 자연스럽게 "말을 참 잘하네"라는 칭찬이 나오기도 하고요. 그런데 이런 행동에 대해 우리는 좀 더 깊이 생각해봐야 합니다. "너 말을 참 잘하는구나"라고 칭찬했을 때 말을 잘한다는 것은 과연 어떤 의미일까요? 우리는 어떤 점을 보고 말을 잘한다고 하는 걸까요?

하나하나 짚어보면 이런 점들이 있을 거예요. 발음이 정확하다, 발성이 좋다, 소리가 적당하다, 조리 있게 말한다, 말의 내용이 좋다 등일 텐데요. 이 모든 것을 '말을 잘한다'라는 한마디로 전했을 때 이 말을 듣는 어린이가 어떻게 받아들일지 생각해봐야 합니다.

어린이들이 그 요소들을 이해하고 하나하나 따져 그중 어떤 점을 칭찬했는지 생각하고 판단해서 받아들이기는 쉽지 않아요. '아, 나의 발성과 발음이 좋구나', '내가 조리 있게 말했구나'라고 생각하지 않는다는 거죠. 경험상 어린이들은 자기 말의 내용에 대한 좋은 피드백으로 받아들이는 경우가 많았습니다. 말을 잘한다는 칭찬을 말의 내용이 '좋다' 혹은 '옳다'라고 받아들이는 것이죠.

사실 저도 어린이들과 비슷한 생각을 한 적이 있어요. 강연을 하거나 학부모 상담을 하다 보면 다들 "말씀을 진짜 잘하신다"라고 이야기해요. 이런 말을 들으면 저도 모르게 순간적으로 '아, 내가 말한 독서 교육에 대한 이야기가 옳았구나!'라고 생각하게 됩니다. 물론 계속 강의 내용을 점검하고 더 발전시키려고 노력하고 있지만, 어쨌든 긍정적인 피드백이다 보니 순간 착각을 하게 됩니다.

바로 이런 점 때문에 저는 '말 잘한다'라는 칭찬에 대해 좀 생각해봐야 한다고 지적하는 겁니다. 과연 우리가 다른 사람이 하는 말의 내용에 대해 옳고 그름을 가릴 수 있을까요? 상대의 말에 '동의'할 수 있을지는 모르나, 그 생각이 옳다고 말할 수 있는 사람은 없습니다. 상대의 말을 들으며 "맞아, 맞아"라는 표현이 나온다면 '나의 의견과 같다'는 의미이지, 그 말이 객관적으로 옳다는 뜻은 아닐 겁니다.

"너 참 말 잘하는구나"라는 이야기를 지속적으로 들은 아이들은 자신도 모르게 자신의 의견에 대한 확신을 갖게 됩니다. 그런데 이건 매우 위험한 일이에요. 성인이 된 저도 1년 전 생각과 지금의 생각이 조금은 달라진 것을 느끼며, 사람이 한 가지 생각만 굳건히 갖고 사는 게 얼마나 위험한지 매일 생각합니다. 하물며 한창 가치관을 정립해 나가야 할 어린이가 이렇게 말 잘한다는 칭찬을 자주 듣는다면 생각의 유연성을 갖는 데 문제가 생기지 않을까요?

초등학생은 아직 다양한 견해를 만나야 할 때입니다. 이 세상에 수많은 사람이 있는 것처럼 수많은 생각과 의견이 있고, 그 어느 것도 절대 진리는 아니라는 것을 삶의 경험을 쌓아가며 깨닫고 배워 나가야 할 때입니다. 무엇이 옳은가 그른가에 대해서도 개방성을 가지고 수용할 수 있는 자세를 배워야 할 때입니다. 그렇다고 아무 의견도 갖지 말라는 이야기는 아닙니다. 어설픈 발음으로 말을 시작하는 서너 살만 되어도 아이는 자기만의 의견을 갖고 이를 표현합니다. 그리고 어느 정도 자기주장과 의견이 있어야 하는 것도 사실입니다. 그 표현법에 있어 좀 더 정확하고 바른 방식을 익혀보자는 것이 이 책의 목적이지 '자기주장과 의견의 확신만 강조하는 말하기'를 하자는 게 아닙니다.

우리는 늘 '나의 생각과 나의 의견, 그리고 내가 아는 것'을 의심해야 합니다. 지금 내가 확신을 가지고 한 말이 틀렸을 수도 있고, 내 의견이 절대 진리는 아니라는 것을 인정할 줄 알아야 사고의 확장을 이루어 나가고, 나아가 성숙해질 수 있을 거예요. 그러기 위해 다양한 책을 읽고 사람들과 소통해야 한다는 것을 알려주세요. 소설가 프란츠 카프카의 말처럼 책은 우리 안의 얼어붙은 바다를 깨는 도끼니까요. 읽을수록 생각도 마음도 점점 더 넓고 깊어질 거예요.

말을 잘한다는 칭찬을 듣는 어린이가 이렇게 자기 견해에 갇혀서는 안 된다는 것을 꾸준히 배우면 그야말로 '말을 잘하는 어른'이 될 거예요. 그러나 이 같은 인식이 함께 자라지 못하고 생각과 지식도 자라지 못한 어린이는 잔기술만 늘어나기 쉽습니다. 이제부터는 말을 잘하는 것처럼 보이는 어린이가 있다면 이렇게 말해주면 어떨까요?

"네 생각을 정확히 잘 말하는구나. 그런데 생각은 늘 바뀔 수 있어. 네가 말을 한 만큼 다른 사람의 말도 들으며 살아야 한다는 것을 늘 기억하길 바라."

02
생각의 힘을 키우기
위해 필요한 독서의 힘

저는 어릴 때 정말 말이 없는 아이였어요. 타고난 성향 자체가 그렇기도 하지만 엄한 할아버지 밑에서 자라다 보니 더욱 말을 잃고 살았던 것 같아요. 늘 호통을 치고 명령하는 할아버지 앞에서 제 의견이나 생각을 말하는 건 상상도 못 할 일이었어요. 저에 비해 밝고 외향적인 언니는 몇 차례 자신의 의견과 생각을 말했다가 버릇없다며 심하게 꾸지람을 듣기도 했어요. 그런 모습을 보니 더욱 말하기가 쉽지 않았어요. 그런 시간이 길어지면서 친척 어른들이 목소리 한번 들어보자고 할 정도로 저는 제 목소리를 잃어갔습니다.

그런 제가 바뀐 건 책을 읽으면서부터였어요. 학창 시절에도 물론 책을 읽긴 했지만, 그때의 독서는 제 삶에 위안이나 행복을 주는 소설, 시집 등에 한정돼 있었어요. 성인이 되고 나서 자기계발서를 비롯한 실용서를 시작으로 인문학, 역사 등 가리지 않고 본격적으로 책을 읽어 나갔습니다. 성인이 되어 나 홀로 삶을 개척해 나가야 한다는 불안감에 읽기 시작한 책들은 어느새 저라는 사람을 변화시켰어요. 가장 큰 변화는 저 스스로 저의 생각을 인지하거나 만들어가게 되었다는 거예요. 한마디로 '생각과 관점'이 생긴 것이지요.

우리나라는 어린이들이 어릴 때부터 독서의 목적을 공부와 성적, 나아가 입시에 두는 말을 직간접적으로 너무도 많이 하기 때문에 대부분의 어린이가 책 읽기의 목적을 오로지 공부라고 말합니다. 그러나 자기 목적에서 시작하지 않은 독서는 오래 유지되기 어려워서 결국 대다수의 어린이가 초등학교를 졸업하기도 전에 책에서 멀어지는 게 사실입니다.

독서의 궁극적 목적은 자기 생각의 발견, 자기 인식의 확장입니다. 소설이든 비소설이든, 무엇을 읽든 장르는 상관없습니다. 어떤 책이든 책에는 저자 자신의 생각이 담겨 있게 마련입니다. 절대적인 기준은 아니지만 저자의 생각이 숨겨져 있으면 소설, 드러나 있으면 비소설이라고 간단히 설명할 수 있어요. 처음에는 '수용'의 형태로 책을 읽어갑니다. 작가의 생각을 그대로 받아들이는 단계죠. 저학년 때의 독서가 보통 이렇습니다. 그러다 고학년이 되면 책은 결국 작가가 자신의 관점이나 생각을 말하는 것임을 인지하며 서서히 자기 생각을 만들어가게 됩니다.

제가 하는 어린이 독서 수업의 목적도 결국 자기 생각의 발견을 돕는 것입니다. 생각의 발견이 말이 되고 글이 되는 총체적 언어 수업이 바로 독서 수업이에요. 생각의 발견을 돕는 매체가 '책'이기 때문에 책을 중심에 두고 있고, 그래서 독서 수업이라고 부르는 것뿐이지요.

책을 읽고 나면 어린이들은 누가 말하라고 시키지 않아도 재잘재잘 이야기합니다. 책의 내용에 대한 감상으로 시작해서 인물에 대한 비판도 자연스럽게 나옵니다. 한번은 열 살 어린이들과 함께 『마법의 설탕 두 조각』이라는 책을 읽었어요. 이 책은 미하엘 엔데의 유명한 작품으로, 자기 말을 들어주지 않는 부모에게 마법 설탕을 먹여 부모의 키가 손가락만큼 작아지지만 결국 원래대로 돌아온다는 이야기입니다.

가족에 대해 이야기하는 이 책을 읽고 온 어린이들은 제가 질문하지 않았는데도 "선생님, 렝켄이 좀 심한 거 아니에요? 어떻게 자기를 낳아주신 부모님을 작아지게 하죠?"라고 의문을 제기했습니다. 그러자 다른 어린이가 "엄마 아빠가 너무 렝켄 말을 안 들어주니까 그런 거잖아. 나도 한번 해보고 싶긴 한데?"라고 말했어요. 이야기라는 텍스트를 통해 자연스럽게 의견이 오고 간 것이지요.

열한 살 어린이들과 『별이 된 라이카』라는 책을 읽고 난 후에도 마찬가지였어요. 책의 내용은 다음과 같습니다. 소련과 미국의 냉전 시대, 서로 먼저 우주선을 쏘아올리기 위해 실험을 합니다. 그 과정에 돌아오는 기능을 갖추지 못한 우주선에 강아지 라이카를 태워 보내요. 우주선이 발사된 지 얼마 안 되어 라이카는 세상을 떠납니다. 많은 어린이들이 눈물을 흘렸다고 했을 만큼 마음을 건드리는 이야기라 아이들은 저마다 의견을 내기 바빴습니다.

책에서 만나는 이야기들은 모두 우리 삶과 관련되어 있습니다. 거리감의 차이가 있을 뿐 결국 우리 모두의 이야기로, 새로운 문제에 눈뜨게 하고 생각을 자극합니다. 또한 책 읽기는 지속되고 반복될수록 읽은 내용들이 시너지 효과를 일으켜 자신의 관점을 정리하고 발전시켜 나가는 데 도움을 줍니다.

이것이 말하기보다 먼저 독서를 해야 하는 이유입니다. 독서로 얻은 사유가 없는 말하기는 그저 말장난에 불과하거나 궤변으로 치

닫기 쉬운 이유입니다. 잔기술이나 화려함으로만 설명할 수 없는 말하기의 진짜 힘인 '생각의 발견, 관점의 확립'은 독서로 시작되고 또 키워집니다.

03
말하기의 기본 태도,
경청의 중요성

이 책은 어린이들이 다양한 상황에서 말을 잘할 수 있는 방법을 소개합니다. 그런데 말하기는 홀로 떨어져 존재하는 게 아닙니다. 듣기, 읽기, 쓰기와 연결되어 있는데 이 네 가지는 서로 톱니바퀴처럼 맞물려가며 발전합니다.

말하기는 이 네 가지에서 특히 듣기하고 짝꿍입니다. 보통 말하기는 '정보 전달 말하기', '설득하는 말하기', '의사소통 말하기', '정서 표현 말하기' 등으로 구분됩니다. 정보 전달이나 설득하기는 언뜻 일방적인 말하기처럼 보이지만, 사실 일방적인 말하기는 없습니다. 모두 듣는 사람이 존재하지요.

화자가 말하는 형태 때문에 그렇게 보일 뿐, 결국 말은 다른 사람과 소통하기 위한 수단입니다. 어린이가 새 학기에 친구들 앞에서 자기소개를 하는 것도 친구들을 대상으로 말하는 것이고요, 공부한 후 배운 것을 발표하는 것도 앞의 대중, 즉 친구들에게 말하는 것입니다. 반장 선거에 출마해 연설하는 것 또한 듣는 사람이 있어야 가능한 말하기이죠. 즉, 화자와 청자가 어느 정도 긴밀도로 연결되었느냐의 차이일 뿐, 모든 말하기는 결국 '소통'이라고 할 수 있습니다.

그렇다면 소통에서 가장 중요한 것은 무엇일까요? 너무 당연한 이야기이지만 경청하는 태도입니다. 경청하는 태도가 중요하다는 것을 상식처럼 알고 있지만 사실상 그렇게 행동하지 않는 사례가 많습니다. 가족 안에서도 그런 모습을 많이 보게 됩니다. 어린이들의 친구 관계 또는 학습 상황에서도 마찬가지입니다.

경청이란 무엇일까요? 경청은 단순히 바른 자세로 앉아 상대의 말을 한 마디도 놓치지 않고 듣는 것을 의미하지 않습니다. 경청은 상대를 적극적으로 이해하려는 태도가 기반이 되어야 합니다. 상대방이 하는 말의 옳고 그름을 가리기에 앞서 우선 이해하려고 애쓰는 마음이 있어야 경청이 가능한 것이지요.

다음 대화를 한번 보겠습니다.

🧑 요즘 힘들거나 고민되는 일이 있나요?

🧒 선생님, 저는 수학이 너무 어려워서 힘들어요.

🧒 수학이 어려워? 나는 쉬운데.

🧒 수학이 뭐가 중요해. 영어를 열심히 해야지.

매우 단적인 예를 들었지만, 사실 독서 교실에서 종종 벌어지는 상황입니다. 이야기 주제의 본질은 금방 사라지고 서로 자기 할 말만 하는 경우가 생각보다 꽤 있어요. 위 예시문에서 어린이들은 상대의 말을 경청하지 않고 있습니다. 다시 말하지만, 경청은 단순히 음성 언어를 글자 그대로 입력하는 것이 아니라 상대를 이해하고자 하는 의지의 발현이 수반되는 행위입니다. 그런데 위의 대화를 보면 그런 의지가 없는 게 너무도 훤히 보입니다.

2021년 하반기에 유행했던 '어쩔티비 저쩔티비'라는 말을 기억하시나요? 말 그대로 유행어이다 보니 한 시기를 휩쓸고 간 후 지금은 잘 사용하지 않는 단어가 되었어요. 한동안 이 단어를 참 많이 들었습니다. 한 어린이가 "나 지나가야 하니까 조금만 비켜줘"라고 말하면 상대가 아무렇지도 않게 "어쩔"이라고 답하는 식이었지요. 가끔 무의식중에 저에게도 "어쩔"이라고 말했다가 당황하는 어린이도 많이 봤습니다.

출처가 정확하지 않은 이 말은 '어쩌라고 티비나 봐'의 줄임말이라고 합니다. 상대가 '어쩔티비'라고 하면 '저쩔티비'라고 받아치는 게 일반적이었지요. 언뜻 보기엔 그냥 별생각 없이 사용하는 말 같지만, 이 말은 사실 '상대와의 소통을 거부하겠다'는 강력한 의지가 담겨 있는 표현입니다.

"○○아, 옷에 뭐가 묻었어"라는 말에 "어쩔"이라고 답하는 건 상대가 하는 말 자체를 거부한다는 뜻인 거죠. 이 단어가 한때 유행했을 뿐이니 그때만 소통을 거부하는 패턴의 대화를 한 것일까요? 그렇지 않습니다. 표현만 다를 뿐 여러 형태로 소통을 거부하겠다는 뜻을 표현하는 대화 패턴이 계속 있었습니다.

이렇게 소통을 거부하는 상황에서는 말하기를 시도해봤자 아무런 의미도 없습니다. 내가 먼저 상대를 이해하려는 의지를 가지고 대화에 나서야 나의 말하기 또한 상대에게 의미 있게 받아들여질 수 있습니다. 아무리 말을 잘하더라도 상대의 말을 듣지 않으면 그건 소통이 아니라 일방적인 말 쏟아내기에 불과합니다.

경청하는 태도가 먼저 필요하다는 이야기를 길게 했습니다. 그렇다면 경청하는 태도는 어떻게 키워야 할까요? 당연하게도 가정에서 가장 먼저 배웁니다. 다음 대화 사례를 볼까요?

😊 아빠, 저녁에 외식해요.

😐 그제도 했는데 또 해? 돈 없어. 말이 되는 소리 좀 해.

😊 ······.

사실 대화라고도 보기 어려운 '대화'입니다. 어린이가 외식하자는 의견을 냈는데 아빠가 단번에 거절합니다. 이유도 묻지 않고 단번에 말이지요. 물론 일상생활에서 부모님이 어린이의 의견을 들어주지 않는 일은 당연히 많을 겁니다. 어린이가 거절할 수밖에 없는 합리적이지 않은 요구를 하는 일도 있을 거고요. 그러나 이런 대화 패턴이 반복되면, 즉 자기 말을 단번에 거절 당하는 일을 반복해서 경험하면 어린이 입장에서는 당연히 경청을 배우지 못합니다.

이런 상황에서는 이렇게 대화해보면 어떨까요?

😊 아빠, 저녁에 외식해요.

🙂 외식? 우리 그저께도 했는데 혹시 또 외식하고 싶은 이유가 있어?

😊 친구가 어제 돼지갈비를 먹고 왔다고 하더라고요. 그 이야기 듣자마자 너무너무 먹고 싶었어요. 할머니 생신 때 갔던 돼지갈빗집에 가면 안 돼요?

👦 우리 외식은 일주일에 딱 한 번만 하기로 했잖아. 이틀 만에 또 하기는 좀 힘들지 않을까?

👧 네, 저도 알고 있어요. 너무 먹고 싶지만 그럼 참을게요. 대신 집에서 고기 먹으면 안 돼요?

👦 그래, 엄마하고 이야기해보자.

아까와 마찬가지로 역시 외식은 하지 않기로 결론이 난 대화입니다. 그러나 대화 패턴 자체가 다릅니다. 상대를 이해하려는 마음을 가져야 경청할 수 있다고 이야기했는데, 이 대화에서의 아빠는 어린이가 외식하고 싶어 하는 이유를 먼저 묻습니다. 아빠의 질문에 어린이는 자신의 생각을 말하고 그에 대한 답변을 들으면서 제 뜻을 굽혀야겠다고 생각하고 더 이상 고집부리지 않고 다른 의견을 제시합니다. 앞선 대화와 비교해볼 것도 없이 어느 쪽이 어린이에게 경청의 태도를 가르칠 수 있는지 너무도 명확합니다.

말하기에 영향을 주는 요인은 크게 내적인 것과 외적인 것으로 나눌 수 있습니다. 내적 요인은 말하는 이의 지능이나 배경지식, 언어 지식, 심리적인 것, 태도, 흥미, 말하기 기능 등입니다. 외적 요인은 상황 맥락, 말하는 이, 듣는 이, 화제, 목적 등이고요. 간혹 가족 간의 소통이 끊어진 경우, 아이가 부모와 대화를 잘 하지 않으려는 경우는 내적 요인 중 '심리적인 것'에 기인한다고 볼 수 있습니다.

앞의 대화 사례처럼 더 이상 대화를 이어갈 수 없는 상황을 반복해서 마주하다 보면 아이는 더 이상 부모와 대화하려고 하지 않게 됩니다. 먼저 어린이의 말을 경청해주세요. 이런 과정에서 어린이는 말하기의 기본적인 태도를 배울 수 있습니다. 경청하면 대화가 물 흐르듯 이어지므로, 사적 말하기가 가장 활발하게 이루어져야 할 가정에서의 말하기 능력도 키울 수 있습니다.

04
부모의 질문으로 시작하는 밥상머리 토론

어린이들과 읽고 쓰며 토론하고 글 쓰는 일을 하다 보면 종종 마주하는 순간들이 있습니다. 독서 교실에서는 어린이들과 어린이들의 생활부터 사회 문제까지 다양한 주제로 이야기를 합니다. 그런데 몇몇 어린이들은 이야기를 나눌 때 입을 꾹 다물고 있거나 의견이 없다고 합니다. "그걸 왜 생각해야 해요?"라는 질문도 종종 합니다. 별다른 의견 없이 친구 생각에 동조하는 어린이도 있고요. 선생님의 의견에 기대려고 하는 어린이도 있습니다.

문제의 원인을 생각해봤습니다. 사람은 생각하는 존재인데, 왜 몇몇 어린이들은 생각이 없다고 하거나 생각하기 싫다고 하는 것일까요? 다른 사람의 의견에 기대려고 하는 이유는 무엇일까요? 심지어 가끔 '생각한다'는 것 자체를 잊은 듯 멀뚱히 앉아 있는 어린이를 볼 때면 마음이 아픕니다.

어린이가 이런 행동을 보이는 이유는 생각하지 않는 삶을 살고 있기 때문이에요. '생각'은 매우 추상적인 단어인데, 저는 이를 자신과 자신을 둘러싼 어떤 문제를 궁리해보는 마음, 그리고 의지라고 표현하고 싶습니다. 인생은 문제 해결 과정이죠. 어린이들도 예외는 아닙니다. 일상에서 마주하는 소소한 문제부터 친구 관계까지, 또 부모님과의 관계까지 생각하고 고민할 거리가 많습니다. 어른이 되어갈수록 마주하는 문제는 더 다양해지지요. 자기 스스로 이런 문제들을 해결하려고 노력해야 합니다.

일상에서 어린이에게 생각할 기회를 주지 않거나 차단하는 말을 자주 하면 어린이는 생각하지 못하게 됩니다. 아래 예시한 말들이 바로 생각을 차단하는 대표적인 말들입니다.

"엄마가 하라는 대로만 해. 그럼 자다가도 떡이 생겨."
"그냥 공부만 하면 돼. 그럼 다 해결돼."

"공부는 생각하지 않고 그냥 하는 거야. 그냥 해?"

　이런 말을 어릴 때부터 반복해서 들으면 어린이는 말 그대로 생각하지 못하는 사람이 됩니다. 한번 잘 생각해보세요. 이의를 제기하지 않고, 비판은 당연히 못 하며, 시키는 대로만 하는 건 누구의 역할인가요? 인간이 만든 로봇의 역할입니다. 로봇은 입력한 대로, 하라는 대로 움직이지요. 물론 지금은 로봇의 수준을 훨씬 뛰어넘은 인공지능이 스스로 판단을 내리기도 하지만요. 무의식중에 하는 이런 말들이 우리 어린이들을 로봇보다 못한 존재로 만들고 있는 것은 아닌지 깊이 생각해봐야 합니다.

　많은 일자리가 인공지능으로 넘어가고 있는 현 상황에서 살아남으려면 인공지능이 하지 못하는 일을 해야 합니다. 그러기 위해서는 생각하고 판단하고 비판하는 사람이 되어야 합니다. 단순히 일자리의 문제만이 아닙니다. 인간으로 태어나 존엄하게 살다가 가려면 최소한 자신과 자신을 둘러싼 문제를 두고 치열하게 고민해야 합니다. 그럼 그 고민이 시작되는 곳, 생각의 물꼬가 트이는 곳은 어디일까요?

　바로 식탁입니다. 가족들이 모두 마주 보며 대화하는 식탁이요. 식탁은 밥을 먹는 자리이기도 하지만, 모두가 '음식' 앞에서 대등해지는 자리이기도 합니다. 음식을 앞에 두고 있기 때문에 편안해지는 자리이기도 하고요. 서로 얼굴을 마주하고 앉기 때문에 자연스러운 대화가 시작될 수 있는 자리이기도 합니다. 물론 이 자리에서 앞에 예시한 것 같은 대화만 한다면 아무런 의미도 없습니다. 사실 앞의 대화는 제대로 된 대화라고 할 수 없습니다. 일방적인 지시이지요. 명령하는 사람과 명령을 따라야 하는 사람 사이에서나 가능한 대화입니다.

식탁에서 서로 대등하게 대화를 나누어보세요. 여기서 대등하다는 것은 위아래가 없는 것을 의미하는 게 아닙니다. 나이를 떠나 사람은 사람을 존중해야 합니다. 바로 그런 관점에서 하는 이야기입니다. 아래 대화 사례를 살펴볼까요?

🙍 저녁 먹자. 엄마가 계란말이에 햄을 좀 썰어 넣었는데 어떤지 먹어봐.

🙎 앗, 저는 햄은 싫어요.

🙍 아, 그래? 그럼 다른 반찬 먹어. 그런데 햄은 왜 싫어?

🙎 오늘 학교에서 배웠는데, 햄은 가공식품이어서 많이 먹으면 나중에 커서 아플 수도 있대요.

🙍 맞아. 그래서 엄마도 조금만 넣었어. 그런데 어디가 아프대?

햄이 초가공 식품이어서 아프다고 했는데, 자세히 기억나지는 않아요.

엄마가 찾아볼게. 아, 당뇨나 비만 등이 생길 수 있구나.

네, 그래서 좀 걱정됐어요. 지난주에도 핫도그를 먹었잖아요.

그럼 이제 엄마도 식탁에서 가공식품을 좀 줄여볼게. 항상 건강한 음식을 하려고 생각하는데 쉽지 않네.

저도 그렇게 생각해요. 신선한 것만 먹을 순 없으니까요.

그래도 같이 노력해보자.

자, 어떤가요? 밥을 먹자는 대화로 시작해서 건강 문제까지 이야기가 뻗어 나갔습니다. 어린이가 기억하지 못하는 것은 엄마가 찾아보기도 하고, 자연스럽게 서로 의견을 조율하기도 합니다. 간단하지만 지식 대화도 나누게 되었네요. 만약 여기서 엄마가 "잘 먹다가 갑자기 왜 싫다고 해? 그냥 먹어"라고 했다면 어린이의 생각은 바로 차단되었을 거예요. 이런 상황이 반복되면 어린이는 더 이상 대화가 가능하지 않다고 생각하게 되고, 결국 대화 자체가 이뤄지지 않게 됩니다. 식탁에서의 대화는 부모의 간단한 질문으로 쉽게 시작할 수 있어요. 다음은 상황별 질문 사례입니다.

음식, 식사를 소재로 한 질문	오늘 반찬 중에 가장 좋은 게 뭐야? 오늘 다 먹고 식탁 정리는 누가 하는 게 좋을까? 저녁 식탁에는 반찬이 몇 가지 정도면 적당할 것 같아? 가족이 다 같이 밥 먹는 건 일주일에 몇 번이 좋을까? 아침에는 어떤 것을 먹으면 좋을까?
학교 생활을 소재로 한 질문	오늘 친구하고 있었던 일 중 이야기하고 싶은 것이 있어? 학교에서 배운 것 중에 뭐가 가장 생각나? 오늘 쉬는 시간에 뭐했어? 선생님이 하신 말씀 중 가장 기억에 남는 게 뭐야? 학교에서 혹시 힘든 일 있었어?
가족 이야기를 소재로 한 질문	주말에 우리 다 같이 뭐할까? 가족 다 같이 가는 여행은 1년에 몇 번이 좋을 것 같아? 매일 저녁 모두 모여서 20분씩 책 읽는 것, 어떻게 생각해? 가족이 모두 모여서 함께 식사하는 시간이 너무 없다면 어떤 문제가 생길까? 강아지 산책은 누가 시키는 게 좋을까?
세상 문제를 소재로 한 질문	개고기 식용이 금지되었다고 하는데 어떻게 생각해? 우리나라는 WHO에서 권고한 것보다 미세먼지가 많대. 어떻게 생각해? 요즘 초등학생도 의대에 가려고 애쓰고 있다는데 어떻게 생각해? 우주 쓰레기를 없애는 방법은 뭘까? 요즘 배달 어플 배달비가 비싼데 배달 음식을 어느 정도 먹는 게 좋을까?

부모의 질문으로 대화가 시작됩니다. 그런데 질문은 질문을 낳지요. 어린이가 이야기를 이어 나갈 수 있도록 계속 질문하다 보면 어느새 아이도 질문하게 될 거예요. 질문한다는 것은 어떤 사실이나 대상에 대해 생각하고 싶다는 의지를 나타내는 것입니다. 그래서 질문이 중요하다고 늘 이야기하는 것이지요.

질문 받은 어린이는 자연스럽게 여러 주제에 대해 자신의 의견을 갖게 됩니다. 그리고 이렇게 자기 의견이 있는 어린이에게 비로소 '말하기'는 의미 있어집니다. 생각이 없고 의견이 없다면 허공을 맴도는 말만 하게 됩니다. 토론 학원에 간다고 한들 마찬가지입니다. 자기 안에 들어찬 것이 있어야 말할 수 있어요. 일상에서 자신을 둘러싼 일들로 토론하는 일이 생각의 시작임을 기억하고 오늘 바로 어린이에게 질문을 던져보세요.

05
자신의 의사를
명확히 설명하는 연습

열 살 지연이는 애교가 참 많습니다. 부끄러움도 많고요. 독서 교실에 온 지연이가 어느 날 저에게 "물"이라고 했어요. 사랑스럽고 귀여운 표정과 말투로요. 그런 지연이에게 물을 주지 않을 수 있나요. 다만, 열 살이나 되었고 또 독서 교실에는 물이 있는 냉장고가 따로 있으니 꺼내서 마시고 빈 페트병은 버리면 된다고 알려주었습니다. 그런데 문제는 이때뿐만 아니라, 거의 매번 이런 식으로 표현한다는 데 있었어요.

어느 날인가는 글을 쓰다가 지우개를 바꿔달라고 했습니다. 자기 자리에 있는 지우개가 닳았으니 옆자리 친구의 새 지우개와 바꿔

달라는 것이었지요. 저는 잠시 고민했습니다. 사실 자리마다 있는 지우개는 사용 정도에 따라 크기가 제각각일 뿐 어느 것이 좋다, 나쁘다 할 수 없습니다. 저는 지연이에게 이런 점을 설명하고 그냥 쓰는 게 좋겠다고 이야기했어요. 그런데 지연이는 뾰로통한 표정으로 계속 바꿔달라고 말했어요. 저는 지연이와 대화를 시도했습니다.

> 🧑 지연아, 혹시 꼭 그 지우개를 써야 하는 이유가 있어?
> 👧 ……
> 🧑 그 지우개가 더 좋아 보여?
> 👧 ……
> 🧑 그럼 그 지우개를 꼭 써야 하는 이유를 말해볼 수 있어?
> 👧 (몸을 비틀며) 그냥요.

지연이는 평소에 요구하는 것을 단어 중심으로 말했듯, 이때 역시 명확히 설명하지 않고 계속 얼버무리면서 애교 부리듯 투정하듯 몸을 비비 틀었습니다. 지연이가 마음먹는다면 그 지우개를 꼭 써야 하는 이유를 말할 수 있을 것 같은데, 그렇게 표현하는 게 습관이 된 것 같았어요.

사실 지연이는 부모님과 이런 방식으로 대화를 했어요. 오빠와 나이 차이가 크게 나서 가족 모두가 지연이를 아기처럼 대하다 보니 평소 자신의 의견이나 생각을 명확히 말할 기회가 없었어요. 무언가 원하는 게 있으면 독서 교실에서 그랬듯 물, 화장실 등 단어 한 마디 정도 내뱉고 그 앞뒤의 언어는 주로 '눈빛'으로 보이곤 했어요. 이처럼 의사 표현을 해야 할 때 약간의 눈빛과 한두 마디 단어로 해결하다 보니 표현하는 게 서툴렀던 거죠. 지연이처럼 애정에 호소해서 문제를 해결하고 원하는 것을 얻는 과정이 반복되다 보면 어린이의 말하기는 발전하기 힘듭니다. 다음 대화를 한번 살펴볼까요.

🧒 (마트에서 리본 핀을 가리키며) 엄마, 이 리본 핀.
👩 이거 사줘?
🧒 (끄덕끄덕)
👩 이거하고 비슷한 거 집에 많잖아.
🧒 아아앙.
👩 그래, 이번만 사줄게.

　　귀여운 모습이지만 이런 상황은 때때로, 가끔만 있어야 합니다. 특히 초등학생이 되고 나서도 이런 상황이 계속되면 안 되겠지요. 초등학교 1학년이 되면 어린이는 공식적인 사회생활을 시작합니다.

바로 학교라는 공간에서요. 그리고 제가 독서 교실에서 어린이들을 만나듯, 여러 학원에 다니지요. 그 외에 어린이가 속한 공동체들이 생겨납니다. 이런 곳들에선 어린이가 애정에 호소하는 것을 들어줄 수 없어요. 그래서도 안 되고요. 애정에 호소해서 무언가를 얻거나 문제를 해결하는 게 일상이 되면 공동체 생활에서 그 같은 방식이 통하지 않았을 때 좌절할 수밖에 없습니다. 공동체는 부모님과 다르다는 것을 깨닫고 서서히 적응해 나가면 괜찮지만, 사실 덤덤하게 그러기는 쉽지 않아요.

아이가 사랑스럽다는 이유로, 애정에 호소하는 눈빛 때문에 제대로 표현하기 전에 혹시 아이가 바라는 것을 모두 들어주지는 않으셨나요? 자신이 원하는 것, 원하는 이유를 정확히 말하지 못한다는 것은 자신의 의견이나 생각이 없다는 것과 크게 다르지 않아요. 말하기는 단순히 표면에 보이는 말을 하고 말고의 문제가 아닙니다. 자기 삶의 요구와 문제를 주체적으로 해결할 수 있는가 없는가의 문제입니다. 이를 기억하고 어린이가 애정에 호소하면 말로 어떻게 요구해야 하는지 다정하게 안내해주세요.

06
아이의 어휘력을
키우는 부모의 말

어린이들과 독서 수업을 하면서 제가 의도적으로 하는 세 가지가 있습니다. 한 가지는 어린이들이 쓰는 어휘를 일부러 더 어려운 다른 어휘로 바꿔 재전달하는 거예요. 또 다른 한 가지는 일부러 어려운 어휘를 넣어 질문하는 거예요. 마지막 한 가지는 어린이의 말을 듣고 문장 구조를 좀 더 자세히, 혹은 복잡하게 해서 재전달하며 대화를 진행해가는 거예요. 세 가지 모두 어린이의 어휘력을 자연스럽게 향상시키기 위한 저만의 방식이에요.

좀 더 자세히 설명해볼까요. 어휘는 표현의 기초 수단입니다. 전하려는 말, 표현하고 싶은 것이 있어도 그 상황이나 생각을 표현할 적절한 어휘가 떠오르지 않으면 제대로 전달하기 어렵습니다. 실제로 어린이들과 대화를 하다 보면 다음과 같은 상황을 자주 마주하게 됩니다.

> 🧒 선생님, 그게 뭐죠? 그…… 막 그거 두구두구하는 거 있잖아요.
> 🧑 두구두구? 그게 뭐지?
> 🧒 아, 어제 제가 태권도 심사를 받았는데 기다릴 때 땀이 나고 막 두구두구했어요.
> 🧑 아, 긴장했구나?
> 🧒 아, 맞아요! 그거요.

태권도 심사를 받기 전에 긴장했던 마음을 표현하고 싶은데 도무지 적절한 단어가 떠오르지 않아 표현하는 게 어려웠던 거죠. 이럴 때 단어를 콕 집어 말해주면 매우 후련해하는 모습을 볼 수 있습니다. 가끔은 어린이가 떠올리려고 했던 바로 그 단어가 아니라 맥락이 같은 다른 단어를 알려줘도 자신이 하려는 말이 표현되면 뿌듯해합니다.

이렇게 어휘는 말하기의 아주 기초적인 수단입니다. 어휘력이 부족해서 자기 의사를 정확히 표현하지 못한다는 것은 참 안타까운 일이에요. 어휘력을 늘릴 수 있는 최고의 방법은 바로 독서입니다. 1학년 때까지는 그림책을 읽어주기만 해도 상당한 양의 어휘를 습득할 수 있습니다. 좀 더 자라면 어린이가 이야기 동화책을 읽기만 해도 고급 어휘를 많이 습득할 수 있습니다. 어휘력을 늘리는 좋은 방법이지요. 영유아 시기에는 책 읽기보다 부모와의 대화가 더 중요하다는 연구 결과도 있습니다. 대화는 단순히 어휘력을 늘리는 것뿐만 아니라 어린이의 행복한 성장을 위해서도 당연히 필요한 일이기에 저는 늘 부모님들께 어린이와 대화를 자주 할 것을 강조합니다. 그런데 1, 2학년 이후에도 부모와의 대화를 통해 어휘량을 늘리려면 부모의 어휘 수준이 높아야 합니다. 부모 또한 독서를 통해 어휘력을 풍부하게 만들기 위해 노력하기를 추천합니다.

부모가 좀 더 의도적으로 어린이의 어휘력을 질적으로 성장시킬 수 있는 방법은 없을까요? 앞에서 이야기한 세 가지 방법을 차근차근 안내하겠습니다. 이를 참고해서 가정에서도 시도해보시기 바랍니다.

❖ 어린이의 어휘를 어려운 어휘로 바꿔 재전달하기

👧 선생님, 지난번에 놀이터에서 싸운 아이가 있는데 학교에 가니까 하필 그 아이가 있는 거 있죠.

🧑 아, 공교롭게도 같은 반이 되었구나.

👧 네, 기분이 안 좋아요.

새 학기가 되어 학교에 갔는데, '하필' 놀이터에서 싸운 아이를 만났다는 어린이의 말을 들으며 비슷한 맥락의 단어 '공교롭다'를 제시해주는 아주 간단한 대화입니다. 이렇게 좀 더 넓은 개념 혹은 한 단계 어려운 어휘를 제시해서 대화를 이어가면 십중팔구 어린이들은 "공교롭다가 뭐예요?"라고 되묻습니다. 바로 이때 뜻을 설명해주면 어휘력이 늘어나는 데 크게 도움이 됩니다.

어린이가 대화 속에서 사용하지 않은 어휘여도 말의 내용을 듣고 어휘를 제시해주는 것도 좋은 방법입니다.

👧 선생님, 수업이 늦게 끝나서 엄청 뛰어왔어요.

🧑 아이코, 달음박질했겠네?

👧 달음박질이 뭐예요?

👧 지금 라온이가 그런 것처럼 급히 뛰어 달려온다는 말이야.

이렇게 대화 속에서 어휘를 제시하는 이유는 모든 어휘는 맥락 안에서 습득되기 때문이에요. 앞서 어휘를 습득하는 데 가장 기초가 되는 게 독서라고 말한 이유 또한 책 안의 상황과 맥락 안에서 어휘가 제시되기 때문에 자연스럽게 어휘의 뜻을 이해하고 자연스럽게 습득할 수 있기 때문이지요.

❖ 일부러 어려운 어휘로 질문하기

일부러 어려운 어휘를 넣어 질문하는 방법도 좋습니다. 영유아기에는 눈높이를 맞추기 위해 유아 언어를 사용하는 게 좋지만, 어린이가 어느 정도 성장하고 나면 어른의 단어로 편안하게 대화해도 됩니다. 식탁에서 어휘력이 자란다고 하지요. 식탁은 각기 다른 나이대의 사람들이 모여 자연스럽게 대화하는 공간으로 다양한 생활 어휘가 발화되어 그 과정에서 어휘를 습득할 수 있기 때문입니다.

👧 이 책에 나온 동물 중 정말 희귀한 동물은 어떤 동물일까?
👦 선생님, 희귀한 게 뭔데요?

정말 드물고 귀한 걸 말해.

아하, 그럼 바다거북 아닐까요?

어린이를 어렵게 하기 위해서가 아니라 한 걸음 더 성장할 수 있게 돕는 이런 어른의 어휘 사용은 어린이의 어휘력을 높여줍니다. 가끔 제가 제시하는 어휘의 정확한 뜻을 몰라도 대답을 잘하는 어린이가 있어요. 그게 바로 맥락 안에서 파악하는 어휘의 힘입니다. 정확한 뜻은 모르지만, 대화의 맥락상 무슨 뜻인지 감이 오기 때문에 답할 수 있는 것이죠. 평소 꾸준한 대화가 필요한 이유입니다.

❖ 어린이의 말을 재구성해서 재전달하기

영유아기에 처음 말을 배울 때 어른들이 어린이의 말을 발전시켜주기 위해 단어를 문장으로 바꾸어 재전달해주는 경우가 있습니다. 다음과 같은 경우죠.

엄마, 물.

엄마, 물 주세요.

이렇게 어린이가 하려는 말을 문장으로 구성해서 재전달해 말하기를 돕는 것이지요. 같은 방식을 초등학생에게도 적용할 수 있습니다. 초등학생의 경우, 어린이가 한 말을 좀 더 복잡한 구성으로 바꾸어 재전달하거나 단문을 복문으로 바꾸는 방식이 좋습니다.

그 책 진짜 재밌어요. 계속 읽어요.

그 책이 정말 재미있어서 매일 계속 읽고 있구나!

두 문장으로 답한 것을 연결해서 한 문장으로 전달해준 것입니다.

저거 뭐예요? 그거인가 보다. 종이 자르는 그거.

이 물건은 종이를 잘라주는 재단기야.

'그거'라는 대명사를 사용해 불분명하게 말한 것을 정확한 단어를 넣어 재전달해준 사례입니다.

앞서 부모님의 어휘력이 어린이의 어휘력에 영향을 끼칠 수밖에 없다고 했지요. 이에 부담을 갖기보다는 이렇게 조금만 세심하게 어린이의 말에 반응하기만 해도 어린이의 어휘력이 많이 성장할 거예요.

3장

일상 속 말하기 :

표현의 기초 근력을 키우는 법

01
시를 활용해
유창하게 말하기

　　책을 읽을 때 본격 독서, 즉 '묵독'으로 넘어가기 위한 기본 전제가 있습니다. 바로 '유창하게 읽기'입니다. 이는 글을 적당한 속도, 적절한 높낮이, 적절한 운율로 읽는 것을 말합니다. 이렇게 읽는다는 것은 글자 하나하나에 집중하지 않고 글 전체를 볼 수 있다는 뜻이에요. 글 전체를 봐야 내용이 이해되어 소리 내지 않고 읽는 묵독이 가능해지는 것이지요.

　유창하게 읽기는 묵독을 가능하게 하기에 본격적 독서를 시작하는 과정으로 의미가 있지만, 그 자체로도 당연히 의미가 있습니다. 우리가 말을 잘한다고 할 때는 말의 내용과 구조는 물론이고 유창하게 말하기를 포함합니다. 단적인 예로, 누군가 자기소개를 하는데 계속 말을 더듬거리거나 목소리 높낮이의 편차가 크거나 혹은 떨리는 음성으로 말한다면 듣는 사람이 더 불안해집니다.

무엇을 말하고 어떻게 말할지 생각하기에 앞서 유창하게 말하기를 연습해야 합니다. 유창하게 말하기를 연습하기 가장 좋은 방법은 책을 직접 소리 내 읽는 거예요. 물론 책의 내용을 잘 이해하기 위해서라는 목적도 있으나 저는 '말하기 관점'에서 그 중요성을 이야기하고 싶습니다.

당연한 이야기이지만 유창하게 말하기를 하려면 유창하게 말하는 사람이 곁에 있어야 합니다. 그래야 들으면서 배울 수 있습니다. 먼저 부모님이 유아기 때부터 좋은 그림책을 읽어주세요. 다음으론 동화책 번갈아 읽기를 해보세요. 유창하게 말하기 연습을 하는 데 좋은 책은 단연 전래동화입니다. 짧은 문장, 자주 등장하는 의성어와 의태어 등이 운율감을 만들어내 많은 노력을 기울이지 않아도 자연스럽게 유창하게 읽게 됩니다.

예를 하나 들어볼까요. 권정생 작가의 『훨훨 간다』는 유창한 말하기를 연습하는 데 아주 좋은 책입니다. 할아버지가 할머니에게 재미난 이야기를 들려주는데, 문밖에서 그 이야기를 듣던 도둑이 지레

겁먹고 도망간다는 유쾌한 내용이에요. 책을 보면 할아버지가 황새의 행동을 따라 하며 재미있는 의성어와 의태어를 다양하게 사용합니다. 어린이와 함께 읽어보세요.

동시도 유창하게 말하기에 좋은 글입니다. 운율감이 있는 동시는 읽기만 해도 유창하게 말하기가 됩니다.

벚꽃

흐늘흐늘 하늘하늘
이리저리 여행하다
어느새 땅바닥에 떨어지는 벚꽃
아플까 싶어 사뿐히 내려앉는 벚꽃
지나는 사람들 저마다 신이 나서
벚꽃을 보고,
뿌리고,
만지고,

봄은 그렇게 세상에 한가득이다.

느낌 가는 대로 읽으면 됩니다만, 좀 더 유창하게 읽을 수 있도록 단위를 좀 끊어보겠습니다.

벚꽃

흐늘흐늘 하늘하늘 /
이리저리 여행하다 /
어느새 땅바닥에 / 떨어지는 벚꽃
아플까 싶어 / 사뿐히 내려앉는 벚꽃
지나는 사람들 / 저마다 신이 나서
벚꽃을 보고, /
뿌리고, /
만지고, /

봄은 그렇게 / 세상에 한가득이다.

빗금 친 부분에서 잠시 숨을 쉬고 다음을 읽으면 유창하게 잘 읽힙니다. 더 좋은 것은 아예 암송해서 낭독하는 거예요. 이 책에서 이야기하는 '말 잘하는 것'은 기본적으로 무언가를 보지 않고 자신의 생각이나 마음, 아는 것을 말하는 것입니다. 그러려면 보지 않고 말하는 연습, 즉 텍스트가 아니라 자신의 마음과 생각에 집중해서 말하는 연습을 해야 합니다. 동시를 암송하는 것은 이 과정에 크게 도움이 됩니다.

반복해서 재미있게 읽다 보면 자연스럽게 낭송할 수 있을 테니, 한번 해보시기 바랍니다. 유창하게 말하기 연습을 할 수 있는 시를 두 편 더 소개합니다.

강아지 냄새

우리 강아지 폭 안으면
털 냄새가 콧속에 푹 들어온다.
우리 강아지 발바닥 코에 갖다 대면
꼬순내가 솔솔 콧속에 폭 들어온다.

우리 강아지 코 자고 있을 때
얼굴을 가까이 대면
새근새근 숨 냄새
내 마음에 가득 들어온다.

사세요

오늘은 우리 동네 장날
치킨 아저씨가 소리친다

치킨 사세요
치킨 사세요

그러자 옆에 있던 과일 가게 아저씨
과일 사세요
과일 사세요

어랏 갑자기 뒤에서 큰 소리

과자 사세요
과자 사세요

무얼 사야 하나, 벌써 배부른 내 마음
하지만 가벼운 내 지갑

02
이야기글을 활용해
유창하게 말하기

짧고 운율감이 강한 시를 읽으며 유창하게 말하기 연습을 했다면 다음으로 좀 더 긴 글로 연습해야 합니다. 시에 비해 문장이 길고, 글의 길이 자체가 긴 이야기 글은 유창하게 말하기를 연습하기에 좋습니다. 그런데 긴 글을 읽을 때는 에너지가 너무 많이 들어가면 힘이 빠져서 끝까지 읽기 어려울 수도 있어요. 어린이들에게 책을 읽어줄 때 구연동화를 하는 것처럼 지나치게 많은 에너지를 쏟았다가 뒷부분에 가서 힘들어진 경험이 있지 않나요? 그것과 비슷한 이치입니다.

호흡이 긴 글을 읽을수록 적절한 높낮이, 적절한 속도, 정확한 발음에 더 신경을 써야 합니다. 아래 글을 한번 보겠습니다. 안데르센의 〈미운 오리 새끼〉입니다.

미운 오리 새끼

안데르센

어느 연못가 풀숲에서 어미 오리가 알을 품고 있었어요. 귀여운 아기 오리가 태어나길 기다리면서요.

"꽥꽥, 꽥꽥"

아기 오리가 태어났습니다. 그런데 큰 알 하나가 깨어나지 않는 거예요. 다들 모여들었어요. 옆의 다른 오리들이 말했습니다.

"그 알은 아마 칠면조 알일 거예요! 갖다 버려요"

어미 오리는 그럴 수 없었어요. 그래서 다시 알을 품었지요. 그러자 어느새 알이 깨지더니 아기 오리가 나왔어요.

"꽤애애액!"

목소리가 매우 컸어요.

"어머, 알이 크더니 목소리도 이상하고 얼굴도 못생겼어!"

주변의 오리들이 말했어요. 같이 태어난 다른 오리들도 아기 오리를 미워했어요.

"너하고 다니면 우리도 무시당하는 것 같아. 저리 가!"

아기 오리는 슬펐어요. 엄마 오리가 사이좋게 지내라고 해도 소용없었어요. 어느 날부터 엄마 오리는 아기 오리를 안타까운 눈빛으로 바라봤어요. 아기 오리는 떠나기로 결심했지요.

길을 가는데 참새를 만났어요.

"우리 같이 놀까?"

그러나 참새는 그냥 날아가버렸어요. 계속 걸어가다 보니 물오리를 만날 수 있었어요. 아기 오리는 자신이 오리라고 말했어요.

"야, 정말 못생긴 오리로구나!"

아기 오리는 슬펐어요. 모두가 자신을 미워하는 것 같았어요. 그러다 어느 할머니 댁에 도착했어요.

"아이고, 안쓰러워라. 여기서 지내렴."

하지만 그 집의 고양이와 닭이 구박해서 결국 또 집에서 나오게 되었어요. 계속 걷고 걷던 아기 오리는 혹독한 겨울을 보내고 드디어 봄을 맞이했어요. 아기 오리는 물가로 가려고 날개를 폈어요. 그런데 그 순간, 갑자기 몸이 쑥 날아오르더니 물 위에 사뿐히 내려앉게 되었어요. 저쪽에서 백조들이 다가왔어요.

"이리 와. 같이 놀자."

아기 오리는 무슨 일인가 싶었어요. 그 순간, 물에 비친 자기 모습이 보였어요. 그건 바로 백조의 모습 아니겠어요!

"아, 내가 백조였나 봐."

아기 오리는 기뻐하며 하늘 높이 날아올랐어요. 세상이 너무나 아름다워 보였어요.

태어난 뒤 계속 못생겼다고 놀림 받던 아기 오리가 자신이 백조라는 것을 알게 되는 이야기입니다. 이야기를 유창하게 읽으려면 아래 순서대로 하면 됩니다.

모르는 단어부터 유창하게 읽기 ▶ 대사 유창하게 읽기 ▶ 전체 유창하게 읽기

우선 모르는 단어를 골라 유창하게 읽어봅니다. 누구나 낯선 단어를 보면 본능적으로 시선을 멈춥니다. 그리고 단어를 이해하기 위해 앞뒤 내용을 살피게 됩니다. 글 전체를 유창하게 읽기 위해서는 우선 단어 유창성부터 키워야 합니다. 어린이가 모르는 단어를 체크하게 해주세요. 그 단어의 뜻을 설명해주고 정확히 읽어 시범을 보입니다. 그리고 따라 읽게 하면 됩니다.

다음은 대사 유창성입니다. 이야기에는 기본적으로 대화 글이 포함되어 있습니다. 등장인물들이 하는 말이죠. 대사를 실감 나게 읽으면 글 전체가 살아납니다. 대사 읽기 역시 부모가 먼저 시범을 보이고 어린이가 따라 읽게 해주세요.

"그 알은 아마 칠면조 알일 거예요! 갖다 버려요"

이런 대사는 당연히 조금 날카로운 목소리로, 그리고 이해심 없는 목소리로 읽어야겠지요. 대사에 감정을 담아 읽습니다. 유창성의 기준은 적절한 높낮이, 적절한 속도, 정확한 발음으로 읽는 것이라고 앞에서 이야기했지요. 부모가 먼저 이런 점들을 고려해 읽어주세요.

이렇게 대사까지 재미있게 읽었다면 글 전체를 유창하게 읽어볼 차례입니다. 당연히 글을 보면서 읽어야 하지만, 동생들에게 읽어주 듯 중간중간 앞을 바라보는 것도 좋습니다. 미리 훑어봐서 내용을 인지하고 있으면 충분히 가능합니다. 해외에서는 유창하게 읽기를 연습할 때 동물에게 동화책을 읽어주기도 합니다. 집에 동물이 있다면 이런 방법을 시도해봐도 좋을 것 같습니다.

마지막으로 유창하게 읽기를 할 때는 녹음을 해보세요. 자신이 어떻게 읽었는지 다시 듣다 보면 부모가 옆에서 일일이 알려주지 않아도 어린이 스스로 어느 부분을 더 유창하게 읽어야 할지 자연스레 깨닫게 됩니다.

03
말하기의 시작을 돕는
1분 스피치

갑자기 사람들이 많은 자리에서 말을 하게 된다면 어떨까요? 잔뜩 긴장한 나머지, 등에서 땀이 삐질삐질 나고 앞이 하얗게 보일 겁니다. 저는 이 책에서 말하기를 이야기하고 있는데, 그것은 비단 사람들 앞에서의 공적 말하기만 가리키는 것은 아닙니다. 그에 앞서 사적 말하기가 이루어져야 그 힘을 바탕으로 공적 말하기도 가능해집니다.

어린이들은 공적 말하기 상황보다 사적 말하기 상황에 더 많이 노출됩니다. 매일 부모님과 대화하고, 친구들과 이야기하지요. 학교나 학원 등에서도 말을 합니다. 때로는 가게에 들어가 점원에게 이야기해야 할 때도 있습니다. 옆집 아주머니와 이야기할 수도 있고요. 이런 모든 사적 영역에서 말하기를 잘해야 공적 말하기의 힘도 길러집니다.

그런데 사적 영역에서 말한다는 것이 막연하게 느껴질 수도 있어요. 그렇다고 매일 공부하듯 기계적으로 연습하는 것은 자연스럽지 못합니다. 자연스럽게 익힐 수 있는 연습 방법이 필요해요. 그럴 때 좋은 것이 1분 스피치입니다. 아무 단어나 주제를 제시하고 1분 동안 말하게 해보는 거예요. 정돈된 말이 아닌 그냥 뿜어내는 말하기라고 할까요. 어법에 맞지 않거나, 문장 구조가 정확하지 않아도 일단 말하게 해봅니다.

단어를 두 가지로 나누어 제시하면 좀 더 풍성한 말하기가 가능합니다. 단어는 사람의 생각을 자극하기 때문에 어떤 단어가 주어지느냐에 따라 생각의 작동 범위가 넓어지거든요. 구체어와 추상어 두 가지로 나누어 해보는 것을 추천합니다. 우리가 감각으로 인식하는 대상을 가리키는 지우개, 냉장고 같은 단어는 구체어입니다. 반대로 인식할 수 없는 관념적인 뜻을 가진 사랑, 미움, 열정 같은 단어는 추상어죠.

먼저 더 말하기 편한 구체어를 제시해주세요. 아무것이나 제시한 뒤 바로 타이머를 누릅니다. 처음에는 당황해서 제대로 말하지 못할 테지만, 괜찮습니다. 계속 반복하는 게 중요해요. 1분이라는 짧은 제한 시간이 있어 어떤 말이든 하게 되는데 그것이 중요합니다. 아이들에게 몇 가지 구체어를 제시해봤습니다.

구체어 예시				
마라탕	강아지	체험학습	주말	세뱃돈
동생	설거지	아빠	수학	도서관

아래는 한 아이가 '강아지'라는 단어로 1분 동안 스피치한 실제 내용이에요.

강아지는 너무 귀여워요. 우리 가족도 강아지를 키우고 있는데, 엄마가 결혼 전부터 키우던 강아지라고 했어요. 지금은 나이가 많아요. 하지만 오랫동안 같이하고 싶어요. 엄마가 매일 산책을 시켜주는데, 나도 그때마다 같이 산책을 해요. 엄마는 가끔 강아지를 더 좋아하는 것 같아요. 하지만 나도 강아지가 예쁘기 때문에 괜찮아요. 강아지가 더 오래 살았으면 좋겠어요. 이번 주에는 강아지하고 공원에 가서 같이 재밌게 놀 거예요.

추상어로 넘어가볼까요? '사랑', '추억' 같은 단어로 1분 스피치를 하려면 구체어에 비해 생각의 폭을 좀 더 넓혀야 합니다. 그래도 재밌게 말할 수 있을 거예요. 어떤 단어든 사람은 자기 삶의 경험과 지식 안에서 해석하기 때문에 완전히 처음 들어본 단어만 아니면 무엇이든 이야기할 수 있습니다.

추상어 예시				
사랑	추억	인내	성실	미움
자유	지혜	노력	평화	상상

'추억'이라는 단어로 스피치해본 사례입니다.

나는 추억이 많다. 특히 바다에 대한 추억이 많다. 우리 할아버지는 강원도에 살고 계시다. 강원도에는 바다가 있다. 할아버지 댁에 가면 바다를 꼭 본다. 그리고 회도 먹고 고기도 먹는다. 할아버지하고 같이 먹는다. 이 추억이 소중하다. 하지만 아빠가 운전하는 게 힘드시다고 해서 자주 가진 못한다. 그래서 엄마하고 기차 타고 가고 싶다고 말한 적이 있다. 할아버지 댁에 자주 가서 더 많은 추억을 만들고 싶다. 여름방학에는 가서 계속 있고 싶다.

이렇게 1분 스피치를 계속 반복하다 보면 어떤 변화가 생길까요? 처음에는 그야말로 아무 말이나 하게 되는데, 하면 할수록 점점 자연스럽게 정리됩니다. 계속 연습하다 보면 1분이라는 시간이 어느 정도인지 감을 잡고 그 안에 어떻게 말해야 깔끔하게 정리될지 생각하는 연습을 하게 됩니다.

다음 장에서는 다양한 상황에 따른 말하기 구조를 설명할 건데요, 그 전에 자유롭게 말하기를 하면서 생각을 발산하는 연습을 계속하면 구조에 맞는 말하기도 좀 더 수월하게 할 수 있을 거예요. 어린이가 어려워하면 조금 도와주세요. 어른이 문장 사이사이를 채워주는 거예요. 아래 예시문을 볼까요.

주제 : 강아지

🙂 강아지는…….

🙂 강아지는 귀엽다.

🙂 우리 집 강아지도 귀엽다. 밥도 잘 먹는다.

🙂 하지만 가끔 말썽을 부린다.

🙂 그 모습이 귀여워서 동영상을 찍어놓는다. 가끔 놓치면 아깝다.

어린이가 망설이는 순간, 어른이 적절한 문장을 끼워주기만 해도 그 문장을 디딤돌 삼아 재밌게 이야기를 이어 나갈 수 있어요. 어린이와 일상을 공유하는 어른이라면 어린이의 생활을 잘 알고 있을 테니 어린이가 말을 이어갈 만한 적절한 문장을 제시할 수 있을 거예요. 반복해서 연습하다 보면 점점 말을 잘하게 됩니다. 주제가 다양하다 보니 주제마다 자기만의 방식을 익힐 수도 있지요.

좀 더 재밌게 연습하면서 발전 속도를 높이고 싶다면 녹음을 활용해보세요. 요즘에는 녹음 앱이 참 많아요. 녹음한 후 바로 들어보면 자신의 말하기에 어떤 특성이 있는지 자연스럽게 파악되어 스스로 고쳐 나갈 수 있습니다. 말하는 것이 바로 텍스트로 변환되는 '솜노트' 앱, 말하기가 모두 끝난 후 텍스트로 변환해주는 '클로버 노트'와 같은 앱을 활용하면 말하기가 끝난 후 자신이 말한 것이 활자화된 것을 보면서 묘한 기쁨을 느낄 수도 있어요. 자신이 한 말과 다르게 쓰인 부분을 보고 자연스럽게 더 정확한 발음을 연습할 수도 있고요.

저는 아이들에게 글쓰기 싫은 날 가끔 이런 앱들을 활용해 말하기로 대신해보라고 합니다. 글을 쓰듯 말하고 그것이 텍스트로 변환되면 옮겨 붙이거나 그걸 보고 다시 써보라는 거죠. 자신이 말한 것인데도 보고 쓰면 덜 힘들게 느껴져 아이들에게 도움이 됩니다.

어린이가 1분 스피치를 한 뒤에는 바로 말한 내용을 써보게 해주세요. 말하기는 생각을 발산하는 일인데, 자연스럽게 발산하다 보면 글쓰기도 쉬워집니다. 준비할 것도 없어요. 그저 작은 수첩 하나만 있으면 됩니다. 그날의 주제로 재미있게 스피치한 후, 바로 쓰면 순식간에 글이 한 편 완성되는 경험을 할 수 있습니다. 1분이 짧은 시간 같지만 1분간 말한 것을 옮기면 꽤 많은 양의 글이 됩니다. 이는 글쓰기의 효능감까지 키울 수 있는 좋은 활동입니다.

04
식탁에서 하는 먹방
유튜버처럼 말하기

배달 앱을 이용하다 보면 종종 후기를 찾아
보게 됩니다. 어느 날, 음식을 주문하기 전에 후기를 찾아봤는데
짧고 낯익은 단어들이 많이 눈에 띄었어요. '존맛탱', '대존맛', '핵꿀
맛', '핵존맛' 등 요즘 음식 맛을 표현할 때 자주 사용하는 표현이었지
요. 물론 좀 더 긴 후기, 장문의 후기들도 있었지만 종종 이런 표현들
이 보이더라고요. 배달 앱뿐만 아니라 인스타그램의 피드를 넘기다
보면 역시 자주 보게 되는 표현이기도 합니다. 유행어는 사실 한때
쓰이고 지나가는 말입니다. 생각보다 그 생명력이 길지 않아요. 그러
나 파급력은 어마어마해서 어린이들이 이런 말을 자연스럽게 사용

하는 것을 쉽게 볼 수 있습니다.

음식은 사람의 여러 가지 감각을 자극합니다. 시각, 미각, 후각, 가끔은 촉각도 음식을 느끼게 해주는 요소입니다. 이렇게 사람의 여러 가지 감각을 자극하는 맛있는 음식을 먹으며 '존맛탱'이라는 단어로만 표현하기에는 너무도 아쉽습니다.

함께 식사를 하면서 어린이들과 먹방 유튜버 놀이를 해보면 어떨까요? 음식 맛을 생생하게 그려내는 맛 표현 말하기 놀이입니다. 자유롭게 해보는 게 좋지만 다소 막막할 어린이를 위해 맛을 표현하는 말을 제시해보겠습니다.

짠맛 표현

| 짜다 | 짭짤하다 | 짭조름하다 | 간간하다 |

싱거운 맛 표현

| 싱겁다 | 밍밍하다 | 심심하다 | 삼삼하다 |

단맛 표현

| 달콤하다 | 달달하다 | 들쩍지근하다 | 감미롭다 |

쓴맛 표현

| 쓰다 | 씁쓸하다 | 쌉쌀하다 | 쓰디쓰다 |

매운맛 표현			
맵다	매콤하다	얼큰하다	칼칼하다
신맛 표현			
시다	새콤하다	시큼하다	새큼하다
그 밖의 맛			
맛깔나다	개운하다	담백하다	구수하다
고소하다	시원하다	맛깔나다	감칠맛 나다

위에 제시된 것은 미각에 해당하는 맛 표현입니다. 그런데 우리는 맛있는 음식을 먹을 때 눈에 보이는 모양, 색 등에 대한 묘사도 많이 합니다. 이 부분은 음식을 보면서 직관적으로 표현하면 됩니다. 맛 표현 역시 제시된 단어에서 힌트를 얻어 활용해보세요.

먹방 유튜버 놀이이니 부모님이 사회자가 되어주세요.

오늘, 칼국수는 어떤가요?

네, 하얀 국물이 우선 건강에 좋을 것 같아요. 먹음직스럽네요.

면을 한번 먹어보세요.

(후루룩후루룩) 와! 주스 마시는 것처럼 술술 들어가네요. 면

발이 쫄깃해요!

🙍 국물은 어떤가요?

🙂 약간 싱겁지만 여기 있는 깍두기와 같이 먹으면 딱 맞겠는

걸요.

🙍 면 말고 다른 것도 넣었는데 어떤가요?

🙂 호박과 양파가 있네요. 중간에 한 번씩 먹으면 씹는 맛이 좋

아요.

🙍 화면을 보는 분들도 드시고 싶을 텐데, 총평 부탁드려요.

🙂 여러분, 추운 겨울에 칼국수 국물 한번 드셔보세요! 짜지 않아

부담 없고, 면발이 끝없이 후루룩후루룩 들어갑니다. 호박, 양

파도 들어 있어 씹는 맛도 좋고 건강도 챙길 수 있어요!

자, 어떤가요? '맛있어요'가 아니라 다양한 맛 표현을 하는 재밌
는 말하기 놀이가 되었습니다. 대화를 통해 부모가 음식의 재료, 맛,
모양 등에 대해 설명할 수 있도록 유도하니 자연스럽게 말이 이어
졌어요. 어린이 혼자 한다면 다음과 같은 구성에 따라 말하게 해주
세요.

말하기 상황 : 먹방 유튜버 놀이	
말할 내용	실제 예시
① 음식 이름 소개	① 지금 제 앞에 칼국수가 있습니다.
② 모양	② 기다란 면발이 정말 먹음직스러워요.
③ 재료	③ 칼국수 그릇 안을 보니 면과 호박, 양파가 보이네요. 세 가지가 모이니 색깔도 참 예뻐서 얼른 먹고 싶습니다.
④ 맛	④ 제가 먹어보니, 와, 면이 후루룩후루룩 주스 마시듯 들어가는 게 정말 맛있습니다.
⑤ 식감	⑤ 면은 쫄깃쫄깃해서 씹는 맛이 있어요. 중간중간 호박과 양파를 먹어주면 다양한 식감도 느낄 수 있어요.
⑥ 건강에 도움 되는 점	⑥ 여러 가지 채소를 먹을 수 있어 건강에도 좋습니다.

　　이렇게 말하면 듣는 사람도 먹고 싶어지지 않을까요? 음식의 다양한 면을 소개하면서 표현력도 기를 수 있을 거예요. 물론 음식에 따라 위의 내용 외에 들어갈 내용을 더 멋지게 표현할 수 있겠지요. 먹방 유튜버 놀이를 하면서 어린이가 즐거워한다면 말하기 내용 그대로 글을 써보게 해주세요. 음식을 소개하는 설명글도 좋고, 일기 소재가 없는 날 '음식 일기'를 써도 좋습니다.

05

단어의 특징
설명하며 말하기

어린이들과 독서 수업을 할 때 저는 종종 의도적으로 단어의 뜻을 물어봅니다. 알고 있는 단어도 막상 물어보면 뜻을 설명하기란 쉬운 일이 아니에요. 그래서 구체적으로 물어보면서 어린이가 정확히 설명할 수 있도록 도와주고 있어요. 수업 중 읽은 책에 나온 단어를 물어보기도 하고, 대화하다가 어린이가 사용한 단어의 뜻을 물어보기도 해요.

자신이 아는 것을 설명하는 것은 무척 중요합니다. 설명할 수 없다면 아는 게 아니라는 말처럼 직접 설명할 줄 알아야 진짜 아는 것이라고 할 수 있어요. 우선 단어 하나를 설명해볼까요?

😀 선생님, 이 책에서 동물이 적을 유인해냈대요!

😊 맞아, 그런데 유인이 무슨 뜻이더라?

😀 응…… 꼬시는 거요?

😊 맞아, 꼬시는 거야. 그런데 그건 유인이라는 말을 약간 안 좋게 표현한 말이야. 한번 다르게 설명해볼까?

😀 유혹이요?

😊 그것도 비슷한 말이지. 같이 사전을 찾아볼까? 아, 주의와 흥미를 일으켜서 꾀어낸다고 되어 있구나. 한번 읽어보자.

😀 주의와 흥미를 일으켜 꾀어내다.

😊 '낚시꾼이 미끼로 물고기를 유인한다'처럼 쓰여. 너는 어떤 것을 유인해본 적 있어?

😀 음…… 밤에 라면이 먹고 싶어서 엄마를 주방으로 유인했어요.

😊 하하, 어떻게 유인했어?

😀 어디 아픈 것처럼 '엄마~' 하고 힘없이 불렀더니 나오셨어요.

😊 그래서 밤에 라면 먹기, 성공했어?

😀 아뇨. 자라고 해서 그냥 잤어요.

책 이야기를 하다 어린이가 말한 '유인'이라는 단어에 집중해서 대화를 해봤어요. 맥락으로 의미를 파악해서 사용한 단어이지만, 더

욱더 자세히 설명해보도록 했어요. 어렴풋이 아는 것, 혹은 알지만 설명하기 어려워하는 것을 설명하다 보면 그 단어의 뜻을 분명히 알게 되거든요. 이야기를 나누면서 같이 사전을 찾아보고 예문도 함께 읽었어요. 나아가 단어와 관련된 경험까지 이야기했지요. 단어 하나를 설명하기 위해 이렇게 대화를 나누다 보면 그 단어는 완전히 어린이의 것이 되어 더 자유자재로 사용하게 될 거예요. 이를 우리는 어휘력이 늘었다고 표현합니다.

대화 사례를 한 가지 더 살펴볼까요. 이번에는 어린이가 한 이야기를 들으면서 단어를 제시해주고 이야기를 이어 나갔습니다.

😊 선생님, 오늘 학교에 실내화 가방을 안 가져간 거 있죠.

😊 어머, 그래서 어떻게 했어?

😊 가다가 생각나서 엄마한테 전화했는데, 엄마가 어디 다른 데를 가시고 있다는 거예요.

😊 그럼, 못 가져다주셨겠네?

😊 네, 그래서 집으로 막 뛰어가서 실내화 가방을 가지고 갔어요. 지각할까 봐 엄청나게 뛰었어요.

😊 그랬구나. 조마조마했겠다.

😊 네, 다행히 지각을 안 해서 마음을 푹 놓았어요.

😊 안도했구나.

😀 안도요? 그게 뭐예요?

😊 지금 라온이가 늦지 않게 학교에 도착해 마음을 푹 놓았다고 했잖아. '안도'는 '어떤 일이 잘되어서 마음을 놓는다'는 뜻이야.

😀 아! 그럼 '안심하다'하고 비슷한 말이네요?

😊 맞아! 잘 알고 있네. '안도하다'의 뜻을 라온이가 다시 말해 볼까?

😀 '어떤 일이 잘되어서 마음을 놓는다'요.

😊 맞아!

어린이와 대화하면서 더 수준 높은 단어를 제시해주는 것은 앞에서도 설명한 방법입니다. 이 사례에선 그렇게 제시해준 단어의 뜻도 함께 살펴봤어요.

단어의 뜻을 알아볼 때는 함께 사전을 찾아보고 사전의 뜻이 어려우면 풀어서 설명해주는 지혜가 필요합니다. 어린이들에게 단어를 모르면 사전을 찾아보라는 이야기를 자주 하는데, 사전의 풀이가 어려워서 이해하지 못하는 경우가 꽤 많습니다. 함께 사전을 찾아보면서 쉽게 설명해주면 이해하는 데 큰 도움이 되겠지요.

대화를 통해 단어 설명하기의 디딤돌 역할을 해줬다면 이제 단어를 혼자 설명하게 해보세요. 아래 구조로 말하게 도와주면 됩니다.

· ~라는 단어가 있습니다.(단어 제시)

· 그 단어의 뜻은 ~입니다.(단어 뜻 설명)

· 그 단어와 관련된 경험이 있어요.(경험)

· 비슷한 말로는 ~라는 단어가 있어요.(유의어 소개)

말하기 상황 : 알게 된 단어를 설명하는 상황	
말하기 구조 : 단어 제시 – 단어 뜻 설명 – 경험 – 유의어(또는 반의어) 구체적인 상황 : 자신이 친구에게 말실수를 한 상황	
문장 구조	실제 예시
~라는 단어가 있습니다.(단어 제시)	'유인하다'라는 단어가 있습니다.
그 단어의 뜻은 ~입니다.(단어 뜻 설명)	'주의와 흥미를 일으켜 꾀어내다'라는 뜻입니다.
그 단어와 관련된 경험이 있어요.(경험)	그 단어와 관련된 경험이 있어요. 제가 밤에 라면이 먹고 싶어 힘없는 목소리로 말해 엄마를 유인했던 일이에요. 안타깝게도 라면 먹기는 실패했습니다.

비슷한 말로는 ~라는 단어가 있어요.(유의어 소개 또는 반의어)	비슷한 말로는 '꾀어내다'라는 말이 있어요.

06
상품을 판매하는 말하기

저는 개인적으로 어린이들에게 '훈련'이라는 말을 사용하는 것을 정말 싫어합니다. 독서 훈련, 독해 훈련, 글쓰기 훈련 같은 말들이 있지요. 훈련은 어떤 목적을 달성하기 위해 일정 기간 평소보다 많은 노력과 시간을 들여서 하는 것이라는 느낌이 강하게 듭니다. 미래지향적인 말이지요.

그런데 독서는 현재의 즐거움을 위한 것이지 미래를 위한 것이 아닙니다. 어른들의 관점에서 독서를 통해 얻을 수 있는 것을 생각하다 보니 미래지향적이 되어 자꾸 훈련이라고 말하게 되는 거예요. 어린이들은 그저 지금 이 순간의 행복과 즐거움을 위해 독서를 하는 것이고, 서로 얻을 수 있는 것들을 미래에 누리는 것뿐입니다. 글쓰기 역시 오늘의 삶과 생각을 기록하는 것이지 미래를 위해 하는 것이 아니에요. 그렇다면 말하기는 어떨까요? 마찬가지입니다. 언젠가 필요할 것 같아서, 혹은 나중에 자기소개를 해야 돼서, 회사에 들어가면 브리핑할 것이 많아서가 아니라 오늘 이 순간 어린이가 자신을 표현하기 위한 것이기 때문에 매일 일상에서 잘할 수 있도록 도와야 합니다.

그럼 자기표현이란 무엇인지, 어떤 요소가 있는지 생각해봅시다. 가장 기본적으로는 '자신'에 관해 말하는 것이 있겠죠. 다음으로 '자기'와 관련된 것이 있을 거예요. 이런 것들에는 자기 가족이 있고, 자기 친구가 있고, 자기 물건이 있지요. 그중 저는 '물건'에 대해 이야기하고 싶어요.

어린이들과 수업을 하다 보면 물건에 애착을 가진 친구들을 보게 됩니다. 부모님이 사주신 운동화를 애지중지하는 어린이, 매번 의식을 치르듯 수업 전 필통을 열어놓고 가지런히 정리하는 어린이, 사계절 항상 메고 다니는 휴대폰 가방을 절대로 벗어놓지 않는 어린이 등 애착을 보이는 물건은 정말 다양합니다. 물건에 이렇게 애착을 갖는 것은 그 물건의 필요성 때문이기도 하지만 자신의 마음과 애정이 담겨 있기 때문 아닐까요.

　자신의 물건은 그래서 '소개할 대상'이 되기에 충분합니다. 그런데 막연히 소개하는 말하기를 하라고 하면 너무 어려울 거예요. 이럴 때는 내 물건을 다른 사람에게 '광고'한다고 생각해보세요. 즉, 광고하는 말하기를 하는 거예요. 조금 더 재밌는 설정을 해볼까요? 어린이들도 잘 알고 있는 중고 거래 앱 당근마켓에 물건을 판매한다고 생각하고 소개해보는 겁니다. 당근마켓에 사진과 글을 올리기 전에 먼저 소개글을 어떻게 쓸지 말해보는 거예요.

　어린이들이 훈련이 아닌 삶에서의 읽기, 쓰기, 말하기를 경험하기 위해서는 목적이 참 중요해요. 당근마켓 광고 놀이는 지금 당장의 '판매'라는 목적이 있기 때문에 말하기의 내용을 어린이 스스로 적극적으로 생각할 수 있습니다.

　광고할 때 필요한 내용은 다음과 같습니다.

　1. 물건의 이름
　2. 쓰임(사용법)
　3. 특징이나 장점
　4. 가격

이를 바탕으로 처음에는 인터뷰하듯 질문해주세요. 대화 사례로 보겠습니다.

🙂 판매하는 게 어떤 물건인가요?

😊 제가 1년 동안 사용한 필통입니다!

🙂 물건의 쓰임을 자세히 설명해주세요.

😊 지퍼를 열면 쫙 펼쳐집니다. 바닥 부분에는 연필이나 펜을 넣습니다. 그리고 뚜껑의 지퍼를 열고 중요한 물건을 넣습니다.

🙂 이 필통만의 특징이나 장점이 있나요?

😊 천으로 만들어졌기 때문에 날카로운 부분이 없어서 어린이에게 안전합니다. 앞부분은 투명해서 안에 넣어둔 물건이 다 보입니다! 게다가 정말 많은 필기도구를 보관할 수 있습니다.

🙂 가격은 어떻게 되나요?

😊 5,000원이에요!

여러 가지 물건으로 재밌게 여러 차례 연습해본 후 어린이 스스로 내용을 생각해서 말하도록 해봅니다. 질문을 주고받으며 말하기 연습을 하면 어린이 스스로 광고하는 말하기의 구조를 익힐 수 있을 거예요.

말하기 상황 : 중고 거래 앱에서 내 물건을 판매하는 상황

말하기 구조 : 물건 이름 – 쓰임 – 특징이나 장점 – 가격
구체적인 상황 : 당근마켓에 내 물건을 판매해야 하는 상황

문장 구조	실제 예시
제가 판매하려는 물건은요.	제가 판매하려는 물건은요, 바로 제 필통입니다.
이 물건은 이렇게 사용하는 거예요.	이 물건은 이렇게 사용하는 거예요. 일단 지퍼를 엽니다. 안쪽에 연필 등 필기도구를 넣으세요. 그리고 뚜껑의 지퍼 안에는 잃어버리면 절대 안 되는 중요한 물건을 넣습니다.
이 물건만의 특징이나 장점은요.	이 물건만의 특징과 장점은요, 천으로 만들어져 날카로운 부분이 없기 때문에 안전해요. 앞부분은 투명해서 안에 넣어둔 물건이 다 보여요! 게다가 많은 필기도구를 보관할 수 있어요.
가격은요.	가격은요, 부담스럽지 않은 5,000원입니다!

먼저 가족들을 대상으로 물건을 광고하는 말하기를 한 뒤 그 내용을 그대로 당근마켓 앱에 올려봅니다. 물론 부모님의 계정으로 부모님이 거래하는 것이지만 어린이의 물건이기 때문에 스스로 해보도록 역할을 주는 겁니다.

만약 물건이 잘 거래된다면 어린이는 말하기가 얼마나 중요한 것인지, 그리고 말의 내용을 잘 담는다는 것이 어떤 것인지 깨닫게 될 거예요. 또한 광고하는 말하기는 설득의 요소를 가지고 있어서 물건을 파는 것뿐만 아니라 다양한 상황에서의 설득하는 말하기를 할 때도 도움이 됩니다. 생활 밀착 말하기 놀이, 지금 바로 실행해보세요.

07
기자처럼
말하기

🐶 엄마, 엄마, 있잖아요. 강아지가 친구 됐어요! 나도 강아지 키

우고 싶어요.

👩 응? 그게 무슨 말이야?

🐶 아까 강아지들이 놀았어요.

👩 어디서?

🐶 여기 앞에 벤치에서요.

👩 어떤 강아지가?

🐶 모르는 강아지 두 마리가 만났어요.

👩 두 강아지가 어떻게 되었는데?

🧒 처음엔 으르렁대더니 서로 냄새 맡다가 같이 놀았어요.

🧑 아, 그랬구나! 주인들의 반응도 궁금한걸.

🧒 두 강아지가 닮았다고 좋아하던데요!

위 대화는 집에 오면서 산책하던 강아지들이 만나 서로 노는 모습을 본 어린이와 엄마의 대화입니다. 어린이가 두서없이 이야기하니 엄마가 그 이야기를 듣고 궁금한 것을 계속 물어 드디어 퍼즐이 맞춰졌습니다. 만약 엄마가 내용을 적당히 짐작하고 더 이상 질문하지 않았더라면 대화가 이어지지 않았을 거예요. 바꿔 말하면 이렇게 일상적인 대화 속에서도 말하기 능력을 키울 수 있다는 이야기이지요.

어린이들과 일상에서 재밌게 말하기 놀이를 할 수 있는 한 가지 방법으로 우리 동네 기자 놀이가 있습니다. 말 그대로 기자가 되어 동네에서 일어난 일을 말하는 놀이예요. 따로 시간을 내는 등 특별한 준비는 필요하지 않습니다. 학교, 학원, 마트 등을 오가는 길에 그저 관찰력을 높이면 될 뿐이에요. 요즘은 특히 어린이들도 길을 오가며 휴대폰을 보는 경우가 많습니다. 길을 다닐 때만큼은 우리 동네 구석구석을 더욱 잘 관찰하게 도와주면 어떨까요?

우선 처음에는 같이 길을 다니면서 주변을 볼 수 있는 질문을 해주세요.

🧒 라온아, 저 앞에 가는 분이 쓰레기 버리는 거 보여?

🧒 어? 정말 그렇네요!

🧒 무엇을 버렸는지 가까이 가서 볼까?

🧒 네!

🧒 아, 빨대 봉지를 버렸구나. 편의점 커피에 붙어 있는 빨대를 뜯으며 포장만 버렸나 봐.

🧒 엄마, 우리가 주울까요?

🧒 그럴까?

🧒 어? 그런데 저분 다 드신 커피 병도 종량제 쓰레기봉투 위에 살짝 두고 가는데요?

🧒 정말 그러네? 좋은 사람이 아닌가 보다.

길을 가다 보게 되는 이런 장면도 지나치지 않고 질문을 통해 대화를 유도하면 어린이는 분명 더 관찰하고 대화를 이어갈 거예요. 이렇게 질문과 대화를 통해 주변을 관찰하다 보면 곁에 누가 없어도 스스로 주변을 살피는 힘이 생깁니다. 이렇게 먼저 관찰하는 힘을 키워준 다음에는 혼자 길을 걸어 집에 온 아이에게 질문해주세요.

🙂 라온아, 오는 길에 뭐 본 거 없어?

😊 오다가 어떤 할머니가 주차장에 돗자리를 까는 것을 봤어요.

🙂 돗자리를? 왜?

😊 제가 가만히 보니까 그 다음에는 고추를 널더라고요.

🙂 아이코, 주차장에 돗자리를 깔고 고추를 너는 분이 아직 계시는구나. 위험하지 않을까 걱정되네.

😊 저도 그게 걱정되더라고요. 그런데 그때 경비 아저씨가 오셨어요.

🙂 그래서? 혹시 뭐라고 하셨어?

😊 네, 거기에 고추 널면 위험하다고 다른 곳에서 하라고 했어요.

🙂 그랬더니?

😊 고추를 바구니에 담아 다른 데로 가셨어요.

🙂 아! 다행이네. 라온이는 그 모습을 보고 어떻게 생각했어?

😊 저도 그건 너무 위험한 것 같아요. 차가 주차하다가 못 보면 고추를 밟을 수도 있잖아요.

🙂 그런데 왜 아파트 주차장에 고추를 너는 걸까?

😊 말려서 쓰실 건가 봐요. 집 안에는 해가 강하게 들지 않으니까

주차장에 너신 것 같아요.

 시골에서는 마당에 너는데 아파트에는 마당이 없으니 그런 모습을 보기도 하는구나.

참 긴 대화가 이어졌습니다. 저도 종종 아파트 주차장이나 인도 쪽에서 고추나 다른 채소를 말리는 모습을 봅니다. 마당 있는 집에서의 생활 습관을 지닌 어르신들이 아파트에 사는 경우가 많아지다 보니 어느 정도 이해는 가지만 위험한 것도 사실이지요. 이런 모습을 보고 그냥 지나치지 않고 대화를 나누다 보면 관찰력은 물론 생각하는 힘도 키울 수 있습니다.

그다음은 이제 어린이 혼자 '기자처럼 말하기'를 할 차례입니다.

말하기 상황 : 동네를 관찰하고 말하기	
말하기 구조 : 기자 이름 – 목격한 것 – 자세히 설명 – 사건의 결말 – 주변의 반응 구체적인 상황 : 주차장에 고추를 너는 할머니를 본 상황	
문장 구조	실제 예시
안녕하세요, ~기자입니다.	안녕하세요, 김라온 기자입니다.
방금 목격한 장면이 있습니다.	방금 어느 할머니께서 주차장에 고추를 너는 장면을 목격했습니다.

더 관찰해보니 이러했습니다.	할머니는 바구니에 고추를 담아서 들고 나와 주차장에 돗자리를 깔고 고추를 널기 시작하셨는데요, 그걸 지켜보던 경비 아저씨가 여기에 고추를 널면 안 된다고 말씀하셨습니다.
그 일은 결국 이렇게 결론이 났습니다.	결국 할머니는 고추를 다시 거둬 다른 곳으로 가셨습니다.
이를 지켜보던 주변 사람들 반응은요.	이를 지켜보던 주변 사람들은 좀 안타깝다는 표정을 지었습니다.

내용을 잘 보면 실제 기사의 구성과 비슷합니다. 기사는 크게 '사건과 사건을 본 시민들의 반응'으로 이뤄집니다. 사건을 다루는 기사의 문장들은 보통 육하원칙에 따른다고 알고 있으나, 실제 기사들을 살펴보면 육하원칙이 아닌 구성도 많습니다. 어쨌든 중요한 것은 그 사건을 어떤 방식으로든 자세히 설명한다는 거예요. 어린이가 말한 내용을 살펴볼까요. 일단 목격한 장면을 자세히 설명한 후 그 사건이 어떻게 결말 지어졌는지, 그리고 지켜본 사람들의 반응은 어떠한지 기사의 기본 내용을 모두 담은 구성입니다.

우리 동네 사건 기자가 되어 이렇게 매일 하나의 사건 말하기를 해보세요. 처음에는 소소한 것으로 시작해 점점 좀 더 굵직한 내용을 말하게 되면서 주변에 폭넓게 관심을 가지는 어린이로 자라날 수 있을 겁니다.

08
여행에서 있었던
일 말하기

전에 비해 여행을 하는 게 비교적 수월해졌습니다. 그래서인지 평일에 체험학습서를 내고 여행을 떠나는 어린이들도 많아졌어요. 여행을 다녀온 어린이들에게 소감을 물어보면 대체로 "좋았어요", "뭐 그냥 그랬어요", "늘 비슷해요"라고 답하곤 합니다. 무엇을 했는지 물으면 단편적으로 한 가지 정도만 말하거나 특별히 무엇인가를 하지는 않았다고 말하기도 합니다. 무엇을 봤는지 물으면 특별히 본 것이 없다고도 하고요. 가는 길에 특별한 일이 없었냐고 물으면 차 안에서 게임만 해서 기억이 안 난다는 어린이도 있습니다.

여행은 분명 휴식, 쉼, 배움 그 무엇이든 어떤 목적이 있어서 하는 것인데, 우리 어린이들이 이렇게 답하는 까닭은 무엇일까요? 시간과 비용, 그리고 무엇보다 준비하는 과정에서 여러 번거로움이 있는데도 불구하고 부모님이 가족의 어떤 목적을 위해 여행을 준비했을 텐데 어린이들이 이렇게만 말한다면 너무 아쉽지 않을까요?

물론 표현하지 않는다고 해서 얻은 것이 없다고 할 수는 없습니다만, 여행을 통해 변화된 것이나 얻은 것을 명확히 말하게 도와주신다면 그 말이 다시 자신 안으로 들어가 다음 여행의 좋은 거름이 되고, 여행의 새로움을 더 잘 마주하게 되지 않을까 싶습니다.

'여행 다녀와서 말하기'를 하려면 우선 여행이 우리에게 무엇을 주는가 생각해봐야 합니다. 먹방 여행, 휴식 여행, 공부 여행 등 목적에 따라 여러 종류가 있지만 여행은 대체로 사람의 마음과 생각에 영향을 준다는 차원에서는 비슷합니다.

· 이번 **여행지**는 어디였나?
· 여행하면서 가장 많이 한 **생각**은 무엇일까?
· 여행 중 가장 **인상** 깊었던 것은?
· 여행을 통해 나는 어떤 점이 가장 **변화**했을까?

· 이번 여행의 **아쉬움**은?

이 다섯 가지를 기억한다면 어떤 여행이든 가기 전부터 의미가 생기지 않을까요. 이 구조에 맞춰 이야기하게 도와주세요.

말하기 상황 : 여행 다녀와서 말하기	
말하기 구조 : 여행지 – 생각 – 인상 – 변화 – 아쉬움 구체적인 상황 : 가족과 함께 속초에 다녀온 상황	
문장 구조	실제 예시
이번 여행지는요.	이번 여행지는요, 강원도 속초였습니다.
여행하면서 가장 많이 한 생각은요.	여행을 하면서 가장 많이 한 생각은요, 속초는 자주 와도 좋다는 거였어요.
여행 중 가장 인상 깊었던 것은요.	여행 중 가장 인상 깊었던 것은요, 속초 중앙 시장에서 먹은 씨앗 호떡이 지난번보다 더 맛있었다는 거예요!
여행을 통해 제가 변화한 것은요.	이번 여행을 통해 제가 변화한 것은요, 살이 찐 것 같아요!

이번 여행의 아쉬움은요.	이번 여행의 아쉬움은요, 내 동생이 너무 말을 안 들었다는 거예요.

여행지에서 돌아오는 길에 인터뷰하듯 해보면 좋을 것 같습니다. 가까운 사이일수록 서로를 잘 안다고 생각하기 쉬운데, 실제로 이야기를 나눠보면 서로의 다름을 알게 돼 놀라기도 합니다. 같은 여행지를 같이 즐겼지만, 어린이의 대답은 생각 밖의 것일 수도 있어요. 여행 다녀와서 말하기는 서로를 이해할 수 있는 좋은 계기가 되고, 다음 여행지에 대해 미리 이야기할 수 있게 해줄 거예요.

여행 다녀와서 말하기의 방법을 하나 더 소개합니다. 여행을 다녀와서 쓰는 글을 기행문이라고 하지요. 기행문은 '여정, 견문, 감상'으로 구성됩니다. 여정은 여행의 과정, 일정 등을 말합니다. 여행지에서 들른 장소들을 담기도 하지요. 견문은 보고 들은 것을 말합니다. 감상은 말 그대로 여행지를 돌아다니면서 느낀 마음의 움직임이에요.

여정-견문-감상 형태는 아무래도 보고 들은 것이 많은 여행일 경우 더 어울립니다. 이 기본적인 구조에 좀 더 자세한 내용을 더해 다음 질문에 대해 생각하게 해주세요.

· 이번 **여행지**는 어디였나?

· **누구**와 갔나?(일행)

· 가기 전 어떤 **마음**이었나?(설렘, 기대감, 부담 등)

· 여행 **일정**을 간단히 소개한다면?

· 무엇을 **보고 들었나**?(견문)

· 가장 마음에 남은 것과 **소감**은?

· 이번 여행의 **별점**을 매긴다면?

말하기 상황 : 여행 다녀와서 말하기	
말하기 구조 : 여행지 - 누구 - 마음 - 일정 - 견문 - 소감 - 별점 구체적인 상황 : 가족과 경주에 다녀온 상황	
문장 구조	실제 예시
이번 여행지는요.	이번 여행지는요, 경북 경주입니다.
누구하고 갔느냐면요.	부모님과 저, 그리고 오빠 네 명이 같이 갔어요.
가기 전 마음은요.	가기 전에 저는 왠지 힘들 것 같아 걱정이었어요. 부모님이 역사 유적지를 많이 보자고 말씀하셨거든요.

여행 일정은요.	여행 일정은요, 일단 부모님의 차를 타고 숙소에 도착해서 짐을 풀고는 바로 경주 박물관에 갔어요. 그 후 석굴암과 불국사를 보고 마지막으로 밤에 첨성대를 봤어요.
보고 들은 것은요.	제가 보고 들은 것은요, 경주 박물관에서는 엄청나게 많은 신라 유물들을 봤어요. 서울의 국립중앙박물관에는 없는 것들이 많았어요. 그리고 석가탑, 다보탑도 봤어요. 석굴암도 보고, 저녁에 불빛이 바뀌는 첨성대도 봤어요.
가장 마음에 남은 것과 소감은요.	가장 마음에 남은 것은 첨성대예요. 생각보다 작아서 놀랐는데, 또 너무 예뻤어요. 사람들이 사진을 많이 찍더라고요.
이번 여행의 별점은요.	이번 여행의 별점은요, 4점입니다! 모든 것이 좋았지만 여름이라 너무 더워서 힘들었어요. 그리고 음식들도 비쌌어요. 그래도 다음에 또 가고 싶습니다.

여행지로 떠나는 차 안에서 가족들끼리 여행지에 대해 대화를 하고, 돌아오면서는 견문과 감상에 대해 이야기해보세요. 그렇게 나눈 편안한 대화를 기억하며 위의 구조를 참고삼아 정돈된 말하기를 할 수 있을 거예요.

무엇보다 여행을 떠나기 전에 어린이에게 여행 일정을 먼저 이야기해주라고 당부하고 싶어요. 아무것도 모르는 채 따라다니기보다는 일정을 어느 정도 안다면 어린이가 다음 일정을 기대하거나 의견을 제시할 수도 있을 거예요. 그러면서 여행의 동반자로서 함께하는 느낌도 더 커질 겁니다.

얼마 전 한 어린이가 수업에 약간 늦은 적이 있어요. 이유를 물어보니 지방으로 여행을 갔다가 바로 수업에 오느라 늦었다고 하더라고요. 상당히 먼 거리였는데, 물어보니 부모님이 번갈아 운전했대요. 그런데 "와, 부모님이 정말 힘드셨겠다"라는 제 말에 어린이는 "뭐 당연한 거 아닌가요?"라는 반응을 보였어요. 사실 이 어린이 말고도 대부분의 어린이들이 여행을 준비하는 부모님의 수고와 여정에서의 애씀을 잘 모르는 것 같아요.

저는 어린이들도 이를 알아야 한다고 생각해요. 어른의 수고를 이야기해서 부담을 주라는 말이 아닙니다. 여행의 동반자로서 서로 어떤 수고를 하는지 함께 나누어야 기쁨 또한 건강하게 나눌 수 있다고 생각합니다. 이런 과정을 통해 늘 설레고 행복하지만 수고가 따르는 여행에 대해 어린이들도 진지하게 생각할 수 있을 거예요.

여행에서 가장 중요한 것은 무엇보다 서로에 대한 배려입니다. 돌아오는 길에 '어떤 것이 가장 좋았는지'와 더불어 '어떤 점이 힘들었는지' 어린이에게 물어보고 부모님의 마음에 대한 이야기도 함께 나누어본다면 서로를 더 이해할 수 있는 여행이 될 거예요.

09
속담을 활용한
말하기

속담은 누구나 아는 관용적 표현으로, 삶의 지혜를 전달하는 말입니다. 짧은 문장으로 어떤 상황을 표현함으로써 듣는 사람의 공감을 얻거나 상황에 대한 이해를 돕지요. 예컨대, 작은 일도 서로 힘을 모아 하는 것이 좋다는 말을 전할 때는 '백지장도 맞들면 낫다'라고 이야기하면 듣는 사람이 더 잘 이해하고 무엇보다 공감하기 쉽습니다.

자신이 맞닥뜨린 상황을 설명할 때도 속담은 도움이 됩니다. 숙제하려고 연필을 찾는데 아무리 찾아도 안 보일 때 '개똥도 약에 쓰려면 없다더니……'라고 말해 그 상황을 더 생생히 표현할 수 있지요. 속담을 많이 아는 사람은 상황에 맞는 적절한 속담을 사용해 짧은 말로도 자신의 생각을 효과적으로 전달할 수 있습니다. 어린이가 속담을 잘 활용할 수 있도록 도와주는 대화를 소개합니다.

상황 1

엄마, 이 수학 문제는 진짜 풀기 싫어요. 어려워요.

조금만 더 고민해봐. 하다 보면 풀릴 거야.

해도 해도 안 돼요. 답지 보면 안 돼요?

답지를 보면 스스로 푸는 힘이 안 생겨. 어제도 하다 보니 풀렸잖아.

아, 수학 진짜 싫다.

고생 끝에 낙이 온대. 힘내!

상황 2

엄마, 오늘 떡볶이 먹고 싶어요.

맛있게 해줄게!

와, 진짜 맛있다. 어, 그런데 떡이 조금 덜 익은 것 같아요.

아, 급히 하느라 얼린 걸 그냥 썼더니 다 안 녹았나 보다.

그래도 맛있어요.

 원숭이도 나무에서 떨어질 때가 있다잖아. 오늘만 그냥 먹자.

두 가지 모두 어른이 먼저 상황에 맞는 적절한 속담을 활용한 예입니다. 어른은 어린이보다 속담을 많이 알고 있어서 마음만 먹으면 얼마든지 상황에 맞게 속담을 사용할 수 있습니다. 만약 어린이가 속담의 뜻을 물어본다면 자세히 설명해주세요. 속담이 이야기된 상황을 바로 겪었기 때문에 훨씬 더 쉽게 이해할 수 있을 겁니다.

그다음에는 어린이 스스로 속담을 활용한 말하기를 해봅니다. 방법은 매우 간단합니다.

· ~일이 있었어요.(관련 경험)

· ~라는 속담이 떠올랐어요.(속담)

· ~생각이 들어요.(생각)

· ~라는 속담이 있습니다.(속담)

· 속담을 보니 떠오르는 경험이 있어요.(관련 경험)

· ~생각이 들어요.(생각)

순서만 약간 바뀐 두 가지 중 한 가지를 택해 말하게 하면 됩니다.

말하기 상황 : 상황에 어울리는 속담 말하기

말하기 구조 1 : 관련 경험 – 속담 – 생각

구체적인 상황 : 친구가 자신의 흉을 보았다는 사실을 알게 된 상황

문장 구조	실제 예시
~일이 있었어요.(관련 경험)	친한 친구 민지가 다른 친구한테 제 흉을 봤어요. 저한테는 친절하다고 해놓고 다른 친구한테는 제가 친절하지 않다고 했대요.
~라는 속담이 떠올랐어요.(속담)	그 이야기를 들으며 믿는 도끼에 발등 찍힌다는 말이 생각났어요.
~생각이 들어요.(생각)	앞으로 민지와 어떻게 지내야 할지 모르겠어요.

말하기 상황 : 속담을 말하고 상황을 떠올리기

말하기 구조 2 : 속담 – 관련 경험 – 생각

구체적인 상황 : 자신이 친구에게 말실수를 한 상황

문장 구조	실제 예시
~라는 속담이 있습니다.(속담)	가는 말이 고와야 오는 말이 곱다는 속담이 있습니다.

제 경험이 떠올랐습니다.(관련 경험)	속담을 보니 떠오르는 경험이 있어요. 지난번 제가 민성이한테 실수로 "이 나쁜 놈아"라고 했어요. 그랬더니 민성이의 표정이 바뀌면서 "너는 더 나쁜 놈이야!"라고 하는 거 있죠.
~생각이 들어요.(생각)	앞으로 신경 써서 말해야겠어요.

속담 말하기를 하려면 우선 속담을 알아야겠지요? 많이 알 것 없이 초등학생 어린이의 생활에 맞는 속담을 알고 있으면 됩니다. 워크북 부록의 내용을 참고하세요.

10
사자성어를
활용한 말하기

　　　사자성어(四字成語)는 말 그대로 네 글자로 이루어진 말로, 교훈이나 어떤 유래를 담고 있는 말입니다. 어떤 상황이나 사실을 표현하기 좋은 말이죠. 예를 들면 '죽마고우(竹馬故友)'라는 사자성어가 있어요. 죽마는 대나무로 만든 말로 어린아이들이 타고 노는 장난감입니다. 이 말은 어릴 때부터 같이 놀며 자란 친한 친구를 의미해요. 자신의 가장 친한 친구, 어릴 때부터의 친구를 이야기할 때 죽마고우라고 하는 것이지요.

　　사자성어는 한자로 되어 있어서 한자의 뜻을 알아야 의미를 이해할 수 있어요. 그래서 한번 기억하면 잊히지 않기도 해요. 게다가 사자성어를 익히다 보면 한자도 자연스럽게 알게 되는 선순환이 이루어지지요. 무엇보다 사자성어는 어린이의 생활 습관, 공부, 인간관계, 마음, 생각 등 생활 전반을 표현할 수 있는 단어들이 다채롭게 있어서 잘 활용하면 생활을 돌아볼 수 있다는 장점이 있습니다. 예컨대, 미리 준비하면 걱정할 게 없다는 뜻의 '유비무환(有備無患)'이라는 사자성어를 알고 있으면 이를 아예 모르는 것보다 생활 태도가 분명 달라질 거예요.

사자성어를 활용해서 말하기 역시 앞의 속담 활용해서 말하기와 마찬가지로 어른의 디딤돌이 필요합니다. 사례를 살펴볼까요.

엄마, 오늘 반 배정을 받았는데 글쎄 민찬이가 있는 거 있죠.

아이고, 민찬이는 작년에 너하고 사이가 안 좋아진 친구 맞지?

네, 저한테 맨날 나쁜 말을 해서 절교했는데 그 아이랑 같은 반이 됐어요.

견원지간이 만나고 말았구나.

견원지간이 뭐예요?

견원지간(犬 개 견, 猿 원숭이 원, 之 어조사 지, 間 사이 간)은 개와 원숭이 사이라는 뜻이야. 개하고 원숭이는 사이가 좋지 않거든.

아, 신기하네요. 그나저나 원수는 외나무다리에서 만난다더니 앞으로 어떻게 해야 할지 걱정이에요.

엄마가 '견원지간'이라는 사자성어를 사용하니 어린이가 자연스럽게 뜻을 물었고, 자신과 민찬이 사이가 견원지간이라는 것을 알게 되었어요. 상황에 딱 맞는 사자성어도 배우고, 엄마의 디딤돌 대화 덕에 자신이 아는 속담도 이야기할 수 있었어요. 교육에서 가장 중요한 것은 그 무엇도 아닌 '대화'입니다. 사례를 보니 매우 의도적으로 대화해야 할 것처럼 느껴질 수도 있지만, 어린이의 말에 온전히 귀를 기울이고 편안하게 대화하다 보면 자연스럽게 마주할 수 있을 광경이라고 생각합니다.

어린이 혼자 사자성어를 사용해서 말하기를 하려면 아래 구조를 따라주세요.

· ~일이 있었어요.(관련 경험)
· ~라는 사자성어가 떠올랐어요.(사자성어)
· 그 사자성어의 뜻은~(뜻)
· ~생각이 들어요.(생각)

말하기 상황 : 상황에 어울리는 사자성어 말하기

말하기 구조 1 : 관련 경험 – 사자성어 – 뜻 – 생각
구체적인 상황 : 절교한 친구와 한 반이 된 상황

문장 구조	실제 예시
~일이 있었어요.(관련 경험)	오늘 반 배정을 받아 새로운 반에 갔는데 작년에 절교한 민찬이를 만났어요. 민찬이는 작년에 내게 계속 나쁜 말을 해서 절교한 친구예요.
~라는 사자성어가 떠올랐어요.(사자성어)	견원지간이라는 사자성어가 떠올랐어요.
그 사자성어의 뜻은~(뜻)	견원지간은 개와 원숭이 사이라는 뜻으로, 매우 좋지 않은 관계를 가리켜요.
~생각이 들어요.(생각)	민찬이가 같은 반이라 앞으로 어떻게 지내야 할지 걱정이에요.

말하기 상황 : 사자성어를 말하고 상황을 떠올리기

말하기 구조 2 : 사자성어 – 뜻 – 관련 경험 - 생각
구체적인 상황 : 여행 준비를 제대로 안 해서 낭패를 본 상황

문장 구조	실제 예시
~라는 사자성어가 있어요.(사자성어)	'유비무환'이라는 사자성어가 있어요.

이런 뜻이에요.(뜻)	평소에 준비를 잘하면 근심도 걱정도 없다는 뜻이에요.
생각나는 경험이 있어요.(관련 경험)	이 사자성어를 보니 얼마 전 여행을 갈 때 칫솔을 안 챙겨서 종일 양치를 못 했던 경험이 떠올랐어요.
~생각이 들어요.(생각)	다음에는 잘 챙길 거예요.

사자성어를 새로 배우고 그에 어울리는 상황을 이야기해보는 것도 좋고, 상황에 맞는 사자성어를 떠올려보는 것도 좋습니다. 평소 사자성어를 익혀두면 좀 더 잘 말할 수 있을 거예요.

4장

주제별 말하기

: 아이의 사고력과 자신감을 키우는 법

01
생각을 먼저
정리하며 말하기

말이 많은 것이 곧 말을 잘하는 것은 아닙니다. 그런데 우리는 가끔 말이 많은 아이를 보고 말을 잘한다고 오해합니다. 독서 수업을 하다 보면 '말이 많은 어린이'와 '말을 잘하는 어린이'를 만나는데, 이 둘은 명확히 다릅니다. 말이 많은 어린이는 이야기를 잘 들어보면 두서없이 뒤죽박죽이거나 같은 말을 반복하는 경우가 많습니다. 그럴 때 저는 가만히 듣고 있다가 정리해서 말할 수 있도록 도와줍니다. 다음 대화 사례를 살펴볼까요.

😊 애들아, 우주 쓰레기가 뭘까?

저요! 우주 쓰레기는 어, 그러니까 우주에 쓰레기가 많은 건데 인공위성이 부서진 조각 같은 것도 있고 어, 어, 그 뭐 거기서 쓰던 물건 같은 쓰레기, 인공위성이 거기 갔다가 할 일을 다 하고 나면 이제 갈 데가 없어서, 어. 그런데 막 부딪치고 그런대요.

손을 번쩍 들고 씩씩한 목소리로 말하니 말을 잘한다고 생각하기 쉬운데, 사실 들어보면 계속 같은 말을 반복하는 경우가 많습니다. 그러다 보니 처음에는 귀 기울여 듣던 친구들이 점점 딴짓을 하기 시작합니다. 조리 있게 말하지 못하니 상대를 집중시키지 못하는 것이지요.

그럼 위의 사례 속 어린이는 왜 말을 뒤죽박죽하게 되었을까요? 무엇을 말할지 미리 정해두지 않고 생각나는 대로 말했기 때문입니다. 그럴 때 흔히 "천천히 말해"라거나 "조리 있게 말해"라고 지시하기 쉬운데, 그렇게 말하는 방법을 모르기 때문에 뒤죽박죽 말하는 것이므로 그런 말을 해봤자 사실상 의미가 없습니다. 그보다는 어린이의 말을 다 들어준 후에 어떤 내용이 섞여 있는지 파악해 질문을 나눠주세요.

🧒 우주 쓰레기가 무엇인지 간단히 말해볼까요?

🧒 우주에 버려진 쓰레기요.

🧒 구체적으로 어떤 것들이 있죠?

🧒 수명이 다된 인공위성이 있어요. 또 우주비행사가 잃어버린 물건이나 로켓에서 분리된 조각들이 있지요.

🧒 그렇구나. 그럼 그 우주 쓰레기들이 어떤 문제를 만들까요?

🧒 서로 부딪치는 우주 교통사고가 나기도 하고요. 인공위성하고 부딪치면 텔레비전이 안 나오거나 GPS가 작동하지 않을 수도 있어요.

어린이가 하려는 말에는 우주 쓰레기의 뜻, 우주 쓰레기의 종류, 그로 인한 문제점이 마구 뒤엉켜 있어서 뒤죽박죽이었던 거예요. 이렇게 세세히 나눠 질문하면 이야기하는 어린이도, 듣는 이도 쉽게 정리됩니다. 이런 과정은 독서 수업이 이뤄지는 내내 제가 하는 일이기도 합니다. 이렇게 세분화한 질문으로 정리해서 말할 수 있게 돕는 과정을 반복하다 보면 어린이 스스로 조리 있게 말할 수 있게 됩니다. 이 과정을 돕기 위해 저는 어린이들에게 미니 만다라트를 알려줍니다. 일본 디자이너가 불교의 만다라에서 아이디어를 얻어 만든 만다라트는 연꽃 기법이라고도 불립니다. 일본의 야구 선수 오타니 쇼

헤이가 자신의 성공 비결로 만다라트를 언급하며 유명해졌어요. 오타니는 목표를 세울 때 만다라트 표에 체계적으로 내용을 기록해두었다고 합니다.

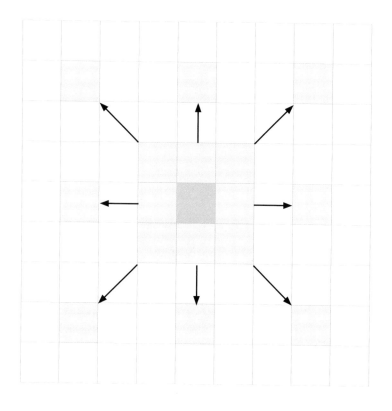

가로세로 세 칸으로 구성된 아홉 개의 네모 칸 중 가운데 핵심 목표를 기록한 뒤, 그 칸을 둘러싼 여덟 칸에 핵심 목표를 달성하기 위한 세부 목표들을 적습니다. 이 세부 목표들 바깥에는 가로세로 세 칸으로 구성된 아홉 개의 네모 칸이 여덟 개 있습니다. 각각의 네모 칸 한가운데 세부 목표들을 옮겨 적은 뒤 그것을 달성하기 위한 목표들을 다시 기록합니다. 총 72개의 목표가 세워지는 것이지요. 목표를 달성하는 것을 돕기 위한 도구이지만 잘 활용하면 생각을 정리하는 다양한 방식으로 활용할 수 있어 매우 유용합니다.

저는 왼쪽의 표에서 가운데 중심 표만 하나 떼어 어린이들에게 아래처럼 제시해줍니다. 그리고 가운데 말하고자 하는 것을 적고 나머지 여덟 칸에는 세부 주제를 적게 합니다. 방금 이야기한 우주 쓰레기에 대한 내용이라면 아래처럼 되겠죠.

뜻	종류	문제점
	우주 쓰레기	

모두 여덟 칸이지만 말하고자 하는 것만 써넣으면 됩니다. 중요한 것은 세부 내용들에 순서를 매기는 것입니다. 어떤 것부터 말할지 번호를 써넣도록 합니다.

1. 뜻	2. 종류	3. 문제점
	우주 쓰레기	

이렇게 이미지화해놓으면 생각이 정리되어 좀 더 조리 있게 말할 수 있습니다. 이때 중요한 것은 키워드만 쓰고 나머지는 즉흥적으로 말해야 한다는 거예요. 말할 내용을 미리 다 써놓으면 줄줄 읽는 것처럼 말하게 되어 오히려 부자연스럽습니다.

처음에는 이렇게 미니 만다라트를 종이에 작게 그려두고 말하면 되지만, 늘 이렇게 할 순 없죠. 말하기 전에 머릿속에 미니 만다라트 이미지를 떠올려 생각만으로 정리해야 합니다. 머릿속 이미지를 떠올리며 자신이 순서를 매긴 대로 천천히 말하면 됩니다.

다음 빈칸에 무엇이든 좋으니 가운데 말할 것을 적어놓고 나머지 칸에 세부적인 내용을 키워드로 적게 해보세요. 그리고 어떤 순서로 말하면 좋을지 번호를 매겨 말하게 해주세요.

02
지나간 일들을
떠올리며 말하기

열 살 솔지가 헐레벌떡 뛰어 들어오면서 말합니다.

선생님, 선생님, 헉헉, 저 늦었죠?

아니, 안 늦었는데 왜?

아, 늦은 줄 알았는데 다행이다. 아, 싸워서요.

응? 누가 싸웠어? 솔지가?

아니, 싸워서요. 두 명이 그네 탄다고 싸워서요.

어디에서?

거기요. 있잖아요, 거기 놀이터.

이렇게 이어진 대화는 무려 5분을 넘기고서야 상황이 파악됐습니다. 제가 솔지에게 수십 번 질문한 결과 알게 된 내용은 아래와 같았습니다.

독서 교실에 오는 길에 놀이터에서 두 명의 아이가 싸우는 것을 봤다. 자신도 모르게 멈추어 서서 그 싸움을 지켜봤다. 이야기를 들어보니 두 아이가 서로 그네를 타겠다며 싸우는 것이었다. 한 아이는 자기가 먼저 와서 타고 있었으니까 계속 자기가 타야 한다고 말했다. 다른 아이는 계속 기다리고 있었으니까 이제 자기가 탈 차례라고 했다. 두 아이는 서로 밀치기까지 했다. 아슬아슬해 보여서 말릴까 말까 고민했지만 용기가 나지 않았다. 그러다 자신도 모르게 "싸우지 마"라고 외쳤다. 그 순간, 갑자기 독서 교실에 늦을 거라는 생각이 들어서 헐레벌떡 뛰어왔다. 늦었을 거라고 생각하고 들어오자마자 선생님께 "선생님, 저 늦었죠?"라고 물어본 것이다.

어떤 상황인지 이해가 되시나요? 솔지가 들어오자마자 늦었는지 물어본 이유는 바로 독서 교실에 오던 중 싸움을 지켜보다가 문득 늦었을 거라고 생각했기 때문입니다. 늦었는지 물어본 이유를 차근차근 설명해야 하는데 설명하기가 쉽지 않았던 거예요. 바로 직전에 경험한 것을 이야기하는 것이라 쉬울 것 같지만 사실 그렇게 만만한 일은 아닙니다. 눈에 보이는 것을 설명하는 것이 아니라 지금 머물러 있지 않은 공간에서의 일을 회상해서 말해야 하기 때문입니다. 특히 저학년 어린이들은 아직 자기중심적인 나이라서 자신이 아는 것은 상대도 알고 있다고 생각하는 경향이 있기 때문에 많은 부분을 생략한 채 말하곤 합니다.

바로 이 지점에서 한 가지 짚고 넘어가야 할 것이 있습니다. 지금은 많이 하진 않지만, 저는 여전히 글쓰기의 첫 시작으로 일기를 권합니다. 일기는 자아 성찰적 글쓰기이지요. 그래서 '한 일'이 아니라 그것에서 연유된 마음의 흐름이나 생각의 전환이 중심이 되는 글이에요. 이 점을 어린이들에게 이해시키는 게 쉽지 않다 보니 보통은 한 일과 느낌의 조합으로 쓰게 합니다.

그런데 아이들은 이미 벗어난 상황을 상기해서 쓰는 것에 큰 의미를 느끼지 못합니다. 자신의 성찰을 위한 것인데 의미를 모르니 그저 나열하듯 써 내려가지요. 일기를 왜 쓰는 건지 물어보면 대부분의 어린이가 "나중에 기억하려고요"라고 말합니다. 일기의 진정한 목적을 모르기 때문에 왠지 나중에 보게 될 것 같아서 쓰는 것이라고 답하는 거죠. 그런데 한번 생각해보세요. 우리가 오늘 나의 일과를 나중에 볼 목적으로 죽죽 써 내려간다면 어떨까요? 일단 쓰기 싫은 건 둘째치고 팔이 아파 쓰기도 힘들 거예요. 그래서 어린이들에게는 한 일이 아니라 그 일에서 연유된 마음이 먼저라고 이야기해주어야 합니다. '오늘 뭐 했어?'가 아니라 '오늘 네 마음은 어땠어?'가 질문이 되어야 하는 거죠. 그 마음을 떠올리다 보면 그 마음을 느끼게 한 일이 떠오릅니다. 바로 이때 상황을 상기해서 말하는 기술이 필요합니다.

우선, 제가 제안하는 것은 부모님과 함께 겪은 상황에 대해 말해 보는 겁니다. 그래야 어린이가 말하는 것에 부족함이 있을 때 좀 더 자세히 질문할 수 있습니다. 이야기할 때 필요한 게 있습니다. 바로 '사진'이에요. 옛날 사진을 보다가 그 순간이 새록새록 떠올랐던 경험이 있을 겁니다. 사진은 상황이 가시화되어 있는 거라 보는 순간 그 상황과 그 상황에서의 마음을 다시 떠올리게 합니다. 어린이에게도 이 점을 활용해보는 거예요.

함께 경험한 일이 담긴 사진을 보여주면 자연스럽게 대화가 시작됩니다. 이때 어린이가 하는 말을 들으면서 놓친 부분을 부모가 채워준다는 느낌으로 대화하는 것이 좋습니다. 자세한 이야기는 어린이가 할 수 있도록 적절한 질문도 이어져야겠지요. 어린이가 앞에 나와 발표하는 자리가 아니라 상황을 상기해서 말하는 법을 배우는 중이기 때문입니다. 다음 대화 사례를 한 번 볼까요?

(함께 공원에서 놀았던 날의 사진을 보며)

엄마, 이때 너무 아팠어요.

맞아. 라온이가 넘어졌었지? 근데 왜 넘어졌더라?

강아지와 산책하다가 줄에 걸려 넘어졌어요.

엄마가 한다고 했는데 라온이가 했잖아. 그렇지?

네, 그런데 재밌기도 했어요. 강아지가 뛰니까 나도 같이 저절로 뛰게 되는 게 웃겼어요.

그래, 하하. 엄마도 지켜보는 게 너무 좋았어. 넘어질까 봐 걱정했는데 진짜 넘어져서 놀랐지만 말이야. 한참 놀다 보니까 우리 너무 배고팠지?

네, 그래서 편의점에서 컵라면 사서 먹었는데 바람도 솔솔 불고 라면 냄새도 너무 좋았어요.

엄마는 핫바도 사 먹었지! 라면은 좀 부족한 거 같았거든. 라온이는 라면만 먹었는데 괜찮았어?

네, 편의점에서 사 먹는 거라 달걀을 못 넣어서 아쉬웠지만 그래도 충분했어요.

우리 다음 주에 캠핑 가는데 그때도 또 잘 놀고 잘 먹자. 그날은 엄마가 강아지 산책시킬게.

 네!

자, 어떤가요? 당시 사진을 보면서 자연스러운 대화를 시작하고, 더 이야기할 수 있도록 엄마가 자연스럽게 유도합니다. 어린이는 그에 답하면서 자연스럽게 상황을 서술하지요. 하나의 사례를 보여드렸는데, 실제 각 가정에서 함께 경험하는 일은 매우 다양할 거예요. 어떤 일이든 중요한 것은 결국 공유한 일상에 관해 대화를 많이 해야 한다는 거예요. 이는 말하기뿐만 아니라 서로를 이해하기 위해서도 필요한 일이랍니다.

초등학생이 되면 어린이의 사회생활이 시작되면서 부모와 함께하지 않는 시간이 길어집니다. 그러다 보니 부모와 함께하지 않은 일에 대해서도 이야기하게 되지요. 서두에 소개한 솔지와의 일화 같은 일을 많이 겪으셨을 거예요. 어린이가 자신이 경험한 일을 이야기하는데 앞뒤가 맞지 않고 이야기의 가장 중요한 요소들도 생략한 채 이야기한다면 듣는 사람으로선 답답하다 보니 "천천히 말해", "자세히 말해"라고 말하기 쉽습니다. 하지만 자세히 말하라고 해봤자 어린이들은 무슨 뜻인지 알아듣지 못합니다. 처음에는 역시 질문으로 도와줘야 해요. 다음 사례를 한번 보겠습니다.

> 🙂 엄마, 민지하고 같이 과자 먹었어요.
>
> 🙂 민지하고? 어디서?
>
> 🙂 아까 학교 끝나고 집에 오면서요.
>
> 🙂 아, 그랬구나. 하나씩 사서 같이 먹었어?
>
> 🙂 아뇨, 제가 산 거를 같이 먹었어요.
>
> 🙂 우리 딸 착하네. 그런데 원래 같이 먹는 거 싫어하잖아.
>
> 🙂 사실 하나 남은 걸 제가 샀는데 민지도 먹고 싶어 했거든요.
>
> 🙂 아, 그랬구나. 그래서 같이 먹고 싶었어?
>
> 🙂 네, 무언가 좀 미안해서 같이 먹었는데, 민지가 좋아하니 뿌
>
> 듯했어요.

이 어린이는 가장 하고 싶은 말인 '과자를 같이 먹었다'부터 말했습니다. 자초지종 없이 이야기를 시작한 것이죠. 보통 어린이들은 이렇게 자신이 가장 하고 싶은 말부터 이야기를 시작합니다. 이때 부모님은 어린이가 생략한 '언제', '어디서', '누구랑', '어떻게'에 해당하는 말을 할 수 있도록 질문을 이어가면 됩니다. 이렇게 대화하다 보면 가장 하고 싶은 말로 이야기를 시작하더라도 결국 차분하게 있었던

일을 모두 말할 수 있게 됩니다. 이를 말 구조에 맞게 고쳐보면 다음과 같습니다.

말하기 상황 : 경험한 일 말하기	
말하기 구조 : 언제 어디서 – 누구와 – 어떤 일인지 – 결국 어떻게 되었는지 구체적인 상황 : 하나 남은 과자를 사서 민지와 나누어 먹은 상황	
문장 구조	실제 예시
언제, 어디에서 있었던 일이냐면요.	(언제, 어디에서 있었던 일이냐면요.) 오늘 학교 마치고 무인 과자점에서 있었던 일이에요.
누구누구하고 있었느냐면요.	(누구누구하고 있었느냐면요.) 저하고 민지하고 같이 있었어요.
어떤 일인지 자세히 말해볼게요.	(어떤 일인지 자세히 말해볼게요.) 하나 남은 과자를 민지도 사고 싶고 저도 사고 싶었어요. 그래서 가위바위보를 했어요. 제가 이겨서 과자를 샀어요.
결국 어떻게 되었느냐면요.	(결국 어떻게 되었느냐면요.) 무언가 좀 찜찜해서 민지하고 나눠 먹었어요. 그랬더니 마음이 상쾌해졌어요. 민지도 고맙다고 했어요.

여기서 중요한 것은 처음엔 왼쪽의 구조에 해당하는 말을 다 하

는 거예요. 그러나 계속 이렇게 하면 말이 길어지겠지요. 어느 정도 연습하고 나면 왼쪽 문장은 생략하고 그에 해당하는 말만 하도록 합니다. 그래서 오른쪽 예시문에 왼쪽 문장은 괄호 안에 넣었습니다.

저학년일수록 어린이들은 자신이 무슨 말을 하고 싶은지 먼저 설명하는 경향을 보입니다. '그러니까 제가 왜 그랬느냐면요'처럼요. 이는 자기 말을 천천히 고르기 위해 먼저 꺼내는 말이기도 하고, 상대에게 자신이 할 말을 잘 전달하고 싶은 욕구가 담긴 말이기도 해요. 그래서 우선 이렇게 일부러 그 문장부터 말하게 하는 겁니다. 이렇게 설명하는 문장은 사실 모두 군더더기이지요. 구조에 익숙해졌다면 점차 생략하고 말하게 해주세요.

03
자신의 생각을
진실되게 말하기

마틴 루터 킹은 미국의 흑인 인권 운동가입니다. 미국에서 흑인으로 태어난 그는 어릴 때부터 차별을 겪으며 커서 목사가 되어 인권 운동에 뛰어들었습니다. 앨라배마의 어느 버스 안에서 로자 파크스라는 흑인 여성이 백인 남성에게 자리를 양보하지 않아 체포되자 몽고메리 버스 안 타기 운동을 벌이기도 하는 등 흑인의 권리를 찾기 위해 애썼지요. 그 공로를 인정받아 1964년에는 노벨평화상을 수상하기도 했어요. 현재 미국에서는 그를 기리기 위해 매년 1월 세 번째 주 월요일을 마틴 루터 킹 데이로 지정해 국경일로 만들었습니다.

흑인의 권리를 찾기 위해 애써온 그는 사람들이 흑인 인권의 중요성을 깨닫게 하기 위해 많은 연설을 했습니다. 그중에서도 1963년 8월 28일 워싱턴 행진 때 링컨 기념관 앞에서 한 '나에게는 꿈이 있습니다(I have a dream)'라는 문장으로 시작되는 연설은 지금도 많은 이들의 마음을 울리는 명연설로 남아 있습니다.

저는 때때로 그 연설문을 다시금 찾아보는데, 볼 때마다 마음이 강하게 울립니다. 비폭력을 강조하며 사람들의 마음에 변화를 일으키고자 애쓰는 마음, 흑인의 삶에 빛을 선사하고 자유를 누리고자 하는 간절한 마음이 연설 내용 곳곳에, 그의 목소리에 오롯이 담겨 있기 때문입니다. 연설 말미에는 '나에게는 꿈이 있습니다'라는 문장이 반복되면서 조지아의 붉은 언덕 위에서 옛 노예의 후손과 옛 주인의 후손이 마주 앉아 식사하기를, 자신들의 자녀가 피부색이 아니라 인격으로 평가받는 날이 오기를 바라는 간절한 외침이 이어집니다. 시대를 넘어, 인종을 넘어 누구에게나 울림을 주는 명연설문입니다.

연설은 여러 사람 앞에서 자신의 생각이나 의견을 말하는 것입니다. 어린이들이 이렇게 다수의 청중 앞에서 연설할 일은 드물지만, 연설에 담기는 내용을 말해야 할 일은 많습니다. 어떤 문제 상황을 발견하거나 마주하고, 그에 대해 원하는 바 혹은 우리 모두가 해야 할 일을 말하는 것이 연설인데요, 이런 문제는 인간이라면 누구나 늘 마주하고 있기 때문입니다. 마틴 루터 킹은 흑인 차별 문제를 마주하고 그에 대해 흑인과 백인 모두가 대등하게 손을 잡고 함께할 날을 소망한다는 자신의 꿈을 이야기했지요. 우리 어린이들은 자기 삶에서 발견한 문제를 이야기할 때 진심을 담아 이야기하면 됩니다.

예를 들어볼까요. 어린이가 생활 속에서 마주하게 되는 문제로 무엇이 있을까요? 주로 부모님께 요구했던 것을 떠올려보세요.

"숙제가 너무 많아요."

"우리 가족은 여행을 너무 안 가는 것 같아요."

"아침에는 밥 먹기가 힘들어요."

"아빠하고 이야기할 시간이 너무 없는 것 같아요."

"동생이 저를 괴롭혀서 힘들어요."

"저만 스마트폰이 없어서 친구들하고 소통이 안 돼요."

"학교에서 저를 놀리는 친구가 있어서 속상해요."

대표적으로 이런 문제들이 있지 않을까 싶습니다. 비슷한 문제를 반복적으로 겪다 보면 사람은 누구나 자연스럽게 문제를 해결하고 싶다는 생각이 듭니다. 수업 중 가끔 어린이들이 이런 문제에 대해 이야기하면 저는 부모님께 말씀드려보라고 조언해줍니다. 그런데 대부분의 어린이들이 이야기해봤자 소용없다는 말을 많이 해요. 이렇게 된 데는 여러 가지 이유가 있을 거라고 생각됩니다.

우선 어린이가 자신의 생각이나 의견을 조리 있게 말하지 못했을 수 있어요. 그럼 설득되지 않으니 부모는 당연히 들어주지 않을 겁니다. 부모가 타당하다고 생각해서 결정 내린 일이라면 더더욱 수용하기 힘들겠지요. 또 다른 이유로 저는 '진실함', 그리고 '간절함'을 이야기하고 싶어요. 자신의 의견이 수용되지 않는다는 말을 들을 때면 저는 바로 이 지점에서 다시 질문합니다. "정말 간절하게 말씀드려봤어?" 혹은 "근데 네가 정말 원하는 거 맞아?"라고 말이지요. 그럼 또 대부분의 어린이가 그렇지 않다고 이야기합니다. 사실 해도 그만, 안 해도 그만이라 말하기를 포기한 경우도 있었던 것이죠.

결국 생각을 말하기 전에 그 문제가 자신이 정말 해결하고 싶은 간절한 문제인지 생각해보게 해야 합니다. 간절함은 곧 진실함을 낳지요. 간절한 문제를 해결하려면 진실된 호소가 따라오게 마련입니다. 마틴 루터 킹은 자신이 흑인으로 태어나 어릴 때부터 숱한 차별과 억압을 겪었기에 매우 간절했고, 그래서 그의 연설에서는 진정성이 느껴지는 걸 거예요.

정말 간절한 문제임을 인지했다면 말하고자 하는 욕구도 있을 테니, 그다음엔 말하기 구조를 알려줘야 합니다.

- · 이런 문제가 있어요.
- · 그래서 저는 이렇게 하고 싶어요.
- · 왜냐하면 ~기 때문이에요.
- · 그러니 ~해주세요.
- · 그럼 저는 ~할 거예요.

자, 위의 문장 구조는 아래와 같이 정리할 수 있습니다. 어린이에게 말하기를 가르칠 땐 아래처럼 정돈된 단어 중심으로 알려주는 것보다는 위처럼 말의 구조를 알려주는 것이 훨씬 더 좋습니다. 그래야 쉽게 이해하고 말을 할 수 있거든요. 아래 정리해놓은 단어 중심 구조는 어른을 위한 설명이니 참고해주세요.

문제 상황-주장-이유-제안-마무리(전망)

그럼 구체적인 예시를 들어보겠습니다. 동생이 자신을 괴롭혀서 힘든 어린이가 있어요. 보통 다음과 같이 말하기 쉽습니다.

🧒 엄마, 얘가 또 나를 괴롭혀요. 아, 짜증 나. 어떻게 좀 해주세요.

👩 그러니까 옆에 가지 말라고 했잖아. 네가 동생 있는 쪽으로 갔잖아.

🧒 그럼 어떻게 해요. 나도 여기서 숙제해야 하는데요!

👩 아이고, 못 살아. 둘이 떨어져. ○○이(동생), 네가 방으로 들어가든가.

어린이의 말투에 이미 짜증이 담겨 있습니다. 이런 말을 들은 엄마 역시 좋은 반응을 하기가 쉽지 않을 거예요. 그래서 늘 같은 패턴이 반복되고, 문제는 해결될 기미가 보이지 않을 겁니다. 이런 경우, 부모님이 먼저 어떻게 말해야 하는지 시범을 보여주세요. 앞서 이야기한 구조를 참고해서요.

🧒 엄마, 얘가 또 나 괴롭혀요. 아, 짜증 나. 어떻게 좀 해주세요.

👩 라온아, 그렇게 짜증을 내면서 말하면 듣는 사람도 기분이 안 좋아져. 일단 감정을 좀 가라앉히고 어떤 것 때문에 불편한지 말해봐.

🧒 지금 동생이 나 숙제하는데 건드려서 짜증 나요.

👩 정말 불편하겠다. 그래서 어떻게 했으면 좋겠어?

😊 나는 지금 여기서 숙제해야 하니까, 동생은 방에 들어가 장난
감 가지고 놀면 좋겠어요. 여기는 원래 숙제하는 책상인데 여
기서 놀고 있으니까요.

😊 아, 그래. 그럼 엄마가 동생을 방으로 들어가게 하면 되겠어?

😊 네, 그럼 제가 자기 전까지 숙제를 다 할 수 있을 것 같아요.

어린이가 천천히 생각을 정리해서 말할 수 있도록 대화를 이끌
어주세요. 이를 정리하면 다음과 같습니다.

말하기 상황 : 생활 속 마주한 문제에 대한 생각 말하기	
말하기 구조 : 문제 상황 – 주장 – 이유 – 제안 – 마무리(전망) 구체적인 상황 : 동생이 괴롭혀서 숙제를 할 수 없는 상황	
문장 구조	실제 예시
이런 문제가 있어요.	엄마, 지금 제가 책상에서 숙제를 하려는데 동생이 옆에서 괴롭혀서 숙제하기가 힘들어요.
그래서 저는 이렇게 하고 싶어요.	그래서 동생은 방에 들어가서 장난감을 가지고 놀면 좋겠어요.
왜냐하면 ~기 때문이에요.	도무지 집중이 안 되기 때문이에요.

그러니 ~해주세요.	그러니까 엄마가 방에 들어가게 해주세요.
그럼 저는 ~할 거예요.	그럼 제가 자기 전까지 숙제를 다 할 수 있을 것 같아요.

　어린이의 말을 잘 살펴보면 감정을 내세우지 않고 있다는 것을 알 수 있어요. 감정을 지나치게 내세우지 않았기에 차분하게 말할 수 있는 거예요. 말하기 구조에 맞게 이야기하니 의견도 잘 전달됩니다.

　어린이들은 불편한 감정이 생기면 감정을 내세우기 쉽습니다. 그럴 때 부모님도 같이 감정을 내세워서 이야기하면 문제가 해결될 리없어요. 어린이도 그렇게 말하면 문제가 해결되지 않는다는 사실을 너무 잘 알 거예요. 차분히 마음을 가라앉히게 하고 질문을 통해 생각을 정확히 말하도록 도와주세요. 그렇게 말하고 나서 문제가 해결되는 경험을 하면 그 후로는 스스로 정리해서 말하려고 애쓸 거예요.

04
나에 대해
당당하게 말하기

독서 교실에 새로운 어린이가 오면 저는 항상 자신을 직접 소개할 것인지, 제가 이름이라도 대신 말해주길 원하는지 묻습니다. 새로운 공간에서 새로운 친구들을 만나면 서로 인사를 하는 게 지극히 당연한 일이지만, 사실 많은 어린이가 자신의 이름과 더불어 간단히 소개하는 것 자체를 매우 낯설어하고 어려워하기 때문입니다. 무엇보다 어린이들은 어른처럼 악수하거나 이름을 말하는 등 드러나는 소개를 하지 않아도 이미 눈빛만으로 소통하기도 하고, 바로 같이 노는 것으로 자기를 표현하기도 합니다.

그럼에도 불구하고 자신에 대해 말하는 것은 매우 중요합니다. 자신에 대해 말한다는 것은 자신이 무엇을 좋아하고, 자신이 어떤 성격의 사람인지 인지하고 있다는 뜻이기 때문입니다. 무엇보다 다른 사람 앞에서 자기 자신에 대해 이야기하려면 자신감이 있어야 합니다. 저는 자신감이 대단한 무엇이라기보다는 자기 자신에 대한 믿음이라고 생각합니다.

　　어른들의 입장에서 이야기해볼까요? 어느 모임에 나가 자신을 소개한다고 생각해봅시다. 자신의 이름을 말해야 할지, 아이 이름을 넣어 ○○이 부모라고 해야 할지 고민할 수도 있습니다. 이것은 바로 자신이 인식하는 자기 정체성의 문제이기 때문입니다. 시작부터 어렵죠.

　　다음으론 무엇을 더 말해야 짧은 시간 내 자신에 대해 설명할 수 있을지 고민합니다. 가장 관심 있는 것을 말해야 할지, 최근 인상 깊게 읽은 책을 말해야 할지 등 '무엇'을 고르는 것도 어렵습니다. 자신에 대해 '어디까지' 드러내야 할지도 고민됩니다. 무엇보다 자신에 대해 무엇이든 말하는 순간, '내가 정말 그런가?' 순간적으로 의심하게 됩니다. 인간의 생각과 자기 인식은 자기에 대해 말하는 짧은 순간에도 변하기 때문에 약간의 거리낌도 없이 당당하게 말한다는 것이 더욱 이상한 일일 수도 있습니다.

　이런 특이성이 있음에도 불구하고 우리는 자기에 대해 말해야 할 순간들을 마주합니다. 단순히 사람들 앞에서 자기소개를 하기 위해서만은 아닙니다. 지금은 누구나 콘텐츠를 생산하는 시대가 되었어요. 시간을 들여 콘텐츠를 생산하고, 그것을 다른 사람이 많이 소비해줄수록 자신의 가치가 올라갑니다. 입시는 여전히 중요하지만 학벌이나 학위보다 중요한 것이 자기표현이 된 것이지요. 요즘은 자신의 일, 자신을 더 알리기 위해 본업과 더불어 크리에이터를 하는 사람도 많습니다. 일단 뭐든 이야기해야 자기 일도 남에게 알려질 수 있으니까요.

　이렇게 자기를 알리기 위해선 무엇보다 자기를 아는 것이 중요합니다. 그리고 자기를 알기 위해서도 자신에 대해 당당하게 말하는 기술은 필요합니다. 그렇다고 초등학생 어린이에게 지나치게 딱딱한 자기 소개를 가르치기보다는 우선 자신의 소소한 것들을 말하게 하는 것이 좋습니다. 다음 예시를 볼까요.

내 이름은 _____입니다.

나는 _____을 가장 즐기는 사람입니다.

_____을 가장 소중하게 여깁니다.

내가 가장 좋아하는 사람은 _____입니다.

왜냐하면 _____.

요즘 내가 가장 많이 하는 일은 _____입니다.

그 일을 할 때면 _____.

내가 가장 행복한 순간은 _____이에요.

앞으로 나는 _____사람이 되고 싶어요.

그리고 이곳에서 만난 여러분과 _____지내고 싶습니다.

자신에 대한 매우 소소한 이야기들을 하도록 구성되어 있습니다. 그러나 평소 자기 자신을 면밀하게 들여다보고 관찰하지 않았다면 말하기 어려운 내용이기도 해요. 이 책을 보는 부모님이 먼저 빈 곳을 채워가며 읽어보세요. 쉽지 않다는 생각이 들 겁니다. 부끄럽지만 저도 막상 채우려니 한 줄 한 줄 고민하게 됩니다. 내가 무엇을 즐기는 사람인가에서부터 어떤 사람이 되고 싶은가까지 하나하나 모두 나를 깊이 들여다보게 합니다.

위의 문장 구조를 어린이에게 알려주세요. 그리고 생각나는 것부터 말하게 해주세요. 지금 답하지 못하는 것은 조금 더 자신을 관찰하고 고민해야 하는 문제이니 넘어가도 좋습니다. 머릿속에 떠오르는 것만 말해도 자신을 충분히 소개할 수 있습니다. 다만 지금 답하지 못한 것은 앞으로 생각해보면 좋을 것 같다고 말해주세요. 저는 늘 질문이 중요하다고 생각합니다. 질문은 지금 당장 답을 얻기 위한 것이 아니라 계속 생각하게 하기 위한 것입니다.

이번에는 좀 다른 방법으로 자신에 대해 당당하게 말하는 법을 알아보겠습니다. 아래 만다라트를 봐주세요. 가운데 쓰인 '나'를 중심으로 자신에 대해 말하고 싶은 영역을 생각해서 나머지 칸에 써보게 합니다. 자신에 대해 말할 수 있는 요소들이 정해졌다면 이제 자신의 '무엇'을 말하고 싶은지 스스로 생각해보게 하는 거예요. 그래야 정말 진지하게 자신에 대해 생각해볼 수 있을 테니까요.

	나(김라온)	

어떤 것들을 쓸 수 있을까요? 내가 좋아하는 것부터 자주 느끼는 감정, 좋아하는 요리, 자주 하는 일, 주된 하루 일과, 좋아하는 과목, 싫어하는 과목, 사랑하는 우리 가족, 정말 하기 싫어하는 것, 가장 행복한 순간, 매일 하고 싶은 것, 아끼는 물건, 중요하게 생각하는 것, 소중하게 생각하는 것, 인생 책, 좋아하는 친구, 자주 하는 말, 어떤 하루하루를 원하는지 등 무척 다양한 것들이 나올 수 있습니다. 이는 말하기를 위한 준비 과정으로, 문장이 아닌 단어로 쓰는 것으로도 충분합니다. 아래와 같이 채워졌다고 가정해볼까요?

감정	좋아하는 사람	좋아하는 곳
매일 하고 싶은 것	나(김라온)	친구
하고 싶은 일	싫어하는 것	인생 책

'나'를 주제로 하는 세부 내용들로 모든 칸이 채워졌습니다. 이 표를 토대로 말을 하면 됩니다. 나에 대해 말하고 싶은 것을 최대한 써 놓은 것이니 모두 말할 필요는 없습니다. 이 중 정말 하고 싶은 말, 말하기 상황에 어울리는 것을 골라 우선순위를 매겨봅니다. 어떤 것을 말할지 선택하고 번호를 써보는 거예요.

① 감정	좋아하는 사람	② 좋아하는 곳
매일 하고 싶은 것	나(김라온)	③ 친구
④ 하고 싶은 일	싫어하는 것	인생 책

이렇게 네 가지를 골라 순서를 정해봤습니다. 이 표를 바탕으로 말하기를 해본다면 이렇게 할 수 있을 거예요.

안녕하세요, 저는 김라온입니다.
① 저는 평소에 '설렌다'라는 감정을 자주 느껴요. 매일매일 새로운 일이 벌어질 것 같고, 이렇게 생활하는 게 정말 즐겁습니다.
② 그래서인지 저는 사람들이 많은 곳을 좋아해요. 대표적으로 우리 동네에 있는 큰 쇼핑몰에 가는 것을 좋아해요. 1층부터 4층까지 층마다 볼거리도 많고 사람들을 보는 것도 재밌어요.
③ 제 친구 ○○○는 저하고 비슷해서 잘 맞아요. 친구하고 같이 길거리에서 이야기하면서 사람들을 보는 게 정말 재밌어요. 우리 둘이 공원에 앉아 한 시간도 넘게 이야기한 적도 있어요.
④ 저는 매일 밖에 나가 놀고 싶어요. 어른이 되면 큰 쇼핑몰을 만들어 많은 사람들이 편리하게 이용할 수 있는 곳으로 만들고 싶어요!

네 가지를 골라 순서를 정해 이야기해보게 했습니다. 말하기를 할 때 문장 하나하나, 단어 하나하나를 써서 말하는 것은 좋지 않습니다. 특히 어린이들은 정확히 말해야 한다는 생각에 얽매이면 말해야 할 것의 큰 그림을 보지 못하고 계속 멈추게 되는 경우가 많아요. 위에 예시한 방식처럼 나를 중심으로 키워드를 정해 이야기할 것의 순서를 정하고, 그 키워드를 바탕으로 자연스럽게 말하게 하는 것이 좋습니다. 처음에는 당연히 더듬거리거나 멈추기도 하겠지만 여러 번 연습하다 보면 잘 말하게 됩니다.

처음에는 이렇게 표를 그려놓고 연습하지만, 익숙해지면 이 표를 머릿속으로만 그려야 합니다. 가끔 즉흥적인 말하기 상황에 놓일 수도 있고, 그렇지 않더라도 무언가를 보지 않고 말해야 할 때가 많으니까요. 자신을 표현하는 말하기, 차근차근 시도해보세요.

05
반장 선거 공약
말하기

새 학기가 시작되고 반장 선거철이 되면 어린이들이 공통적으로 하는 말이 있습니다. 자신이 좋아하는 친구를 뽑았다는 이야기예요. 우리 반을 잘 이끌어갈 친구가 아니라 좋아하는 친구를 뽑은 이유가 무엇이냐고 물으면 어쩌면 답도 매년 한결같습니다. 어차피 공약은 너무 과장된 것, 심지어 허황된 것을 말하기 때문에 그것으로는 판단하기 어렵다는 이유를 댑니다.

가만히 생각해보면 자연스러운 현상인지도 모르겠어요. 공약이 현실적이고 객관적이라 해도 어린이들은 아무래도 자신과 친한 친구 쪽으로 마음이 갈 수밖에 없습니다. 문제는 그 공약마저 비현실적인 내용이 많다는 것이고, 더 마음 아픈 것은 대부분의 어린이가 그 걸 또 당연하게 생각하는 일이 매년 반복되고 있다는 거예요.

반장이 되기 위해 내세우는 공약을 당연히 부풀려진 내용이라고 생각한다는 것은 사실상 반장 선거의 의미 자체가 퇴색되었다는 증 거입니다. '우리 반'이라는 하나의 공동체를 더 나은 공동체로 만들 고 싶어서 반장이 되려고 한다면 그에 걸맞은 공약을 내세울 거예요. 그런데 사실은 반장이 되고 싶어서 반장 선거에 나간 것이고, 뽑히고 싶으니 일단 공약을 거창하게 내세운다면 반장 선거의 본질, 반장이 된다는 의미 자체가 흐릿해지는 것 아닐까요.

우리 반을 위해 자기 한 몸 바쳐서 희생할 만한 어린이가 반장이 되길 기대하는 것은 매우 이상적이고 비현실적인 일인지도 모르겠 습니다. 진짜 하나의 공동체를 이끌고 싶은 사명감이 있는 어린이가 반장이 되었으면 하는 소망 또한 마찬가지겠지요. 상황이 이렇지만 우리 어린이들이 반장이 되고 싶어서 일단 공수표부터 날리는 것을 당연하게 생각하거나 그런 마음을 배우지는 않기를 바라는 마음입 니다.

일단 반장이 되고 싶어서 선거에 나갔다면 설령 반을 위해서가 아니라 반장이라는 자리를 갖고 싶은 마음이 우선이라 해도 현실적이고 가치 있는 공약을 말해야 한다는 사실은 꼭 알려주세요. 이건 비단 반장 선거를 넘어 어떤 일, 자리를 대하는 자세이자 태도라고 생각합니다.

공약을 말해야 하는 것을 포함해서 반장 선거에 나가기 위해서는 말하기 연습을 해야 합니다. 보통 반장 선거 연설문을 먼저 작성하고 그것을 바탕으로 이야기합니다. 그런데 글을 먼저 쓰다 보면 괜히 글이 장황해지기 쉽습니다. 글을 쓰기 전에 먼저 말로 구상하고, 말하기를 하면서 다듬는 것이 좋습니다.

반장 선거 말하기에는 다음과 같은 내용을 담을 수 있습니다. 시작하기 좋은 문장과 예시를 살펴보겠습니다.

· 자신의 이름
· 반장 선거에 출마한 이유
· 공약 두세 가지
· 마무리 말 (반장이 된 후 포부, 마무리 인사)

말하기 상황 : 반장 선거 공약 말하기

말하기 구조 : 이름 – 출마 이유 – 공약 두세 가지 – 포부 및 마무리 인사
구체적인 상황 : 반장 선거에 출마해 연설하는 상황

문장 구조	실제 예시
제 이름은요.	제 **이름**은 김라온입니다.
제가 반장 선거에 출마한 이유는요.	제가 반장 선거에 출마한 이유는 1년 동안 좋은 관계를 맺어 서로를 **존중하는 반**을 만들고 싶기 때문입니다.
공약을 말씀드리겠습니다. 첫째, 둘째,	공약을 말씀드리겠습니다. 첫째, 서로 존중하는 우리가 되기 위해 매일 한 번 아침마다 **칭찬 한마디**를 하겠습니다. 짝을 지어 서로에게 좋은 말을 해주면 하루가 기분이 좋아지고, 서로 존중하는 법을 배울 수 있을 겁니다. 둘째, 선생님께 건의하여 **독서 시간**을 매일 10분씩 갖도록 하겠습니다. 책을 읽으면 마음이 풍요로워져서 자연스럽게 다른 사람을 대하는 태도도 좋아질 거라고 생각합니다.
저를 반장으로 뽑아주신다면,	저를 반장으로 뽑아주신다면 여러분의 초등학교 생활 중 가장 **잊지 못할 1년**이 될 것입니다. 그런 반을 만들기 위해 최선을 다하겠습니다.

앞서 강조했듯 반장 선거 공약 말하기의 핵심은 '실천 가능하고 진솔한 공약 내세우기'입니다. 정말 할 수 있는 일, 우리 반을 위한 일이라고 생각하는 것을 이야기해야 합니다.

반장 선거 공약 말하기는 공적 말하기예요. 공적 말하기는 다수의 대중 앞에서 이야기하는 것이므로 평소에 말을 잘하는 어린이라 해도 긴장하기 쉽습니다. 긴장하면 준비한 이야기가 떠오르지 않아 당황할 수 있어요.

그래서 반장 선거 공약 말하기처럼 공적 말하기를 할 때는 반드시 여러 번 연습해야 합니다. 이때 중요한 것은 준비한 말하기 내용을 암기하는 것이 아니라 '키워드 중심'으로 기억하는 것입니다. 그럼 세부 내용이 좀 달라지더라도 전하고자 하는 바를 제대로 전달할 수 있습니다. 앞의 예시에서 키워드는 무엇일까요? 키워드만 뽑아 표시해보았습니다.

이름 – 존중하는 반 – 칭찬 한마디 – 독서 시간 – 잊지 못할 1년

이렇게 이름부터 마무리 인사까지 키워드 중심으로 기억한다면 하려는 말이 줄줄이 이어져 세부 내용을 명확히 기억하지 않아도 하고 싶은 말을 빼놓지 않고 말할 수 있습니다.

또 한 가지, 이런 공적 말하기에서 중요한 것은 떨지 않고 말하는 거예요. 평소 당당하던 어린이도 친구들 앞에서 말하기는 쉽지 않아요. 그럴 땐 가족들 앞에서 연습해보거나 미리 동영상을 찍어보는 것도 좋습니다. 말할 때 내용에 집중하느라 보이지 않았던 자기 모습이 보이면서 조금씩 자신감 있게 말할 수 있을 겁니다.

06
학습 후
정리하는 말하기

메타인지라는 것이 있습니다. 자신이 안다는 것을 '아는' 능력입니다. 자신이 아는지 모르는지 알아야 배움이라는 행위가 일어납니다. 모르는데 아는 것 같고, 아는데 모르는 것같이 헷갈리면 무엇에 더 집중해서 공부해야 할지 알 수 없습니다. 그럼 당연히 공부 효과도 떨어지겠지요.

저는 주로 어린이들과 지식 도서를 읽으면서 아는지 모르는지 확인해봅니다. 어린이들은 제목만 익숙해도 '안다'라고 말할 때가 많습니다. 예컨대 '화산과 지진'이라는 제목의 책이라면 학교에서 화산과 지진에 대해 배웠으니 당연히 '안다'라고 하는 것이죠. 그런데 제가 내용에 대해 질문해보면 사실 모르는 경우가 많아요. 이렇게 아는 것 같은 느낌과 진짜 아는 것은 다르기 때문에 이를 구분할 수 있는 메타인지는 매우 중요합니다.

메타인지가 부족한 경우, 저는 그 이유 중 하나가 과도한 인풋 학습이라고 봅니다. 모든 학습은 적절한 인풋과 적절한 아웃풋의 반복이라고 할 수 있습니다. 그런데 학습량이 과도하면 받아들이기에 바빠 적절한 아웃풋을 할 기회가 줄어듭니다. 학습량이 많으니 공부하는 것처럼 보이지만 실제로는 그렇지 않을 수 있다는 거죠.

간혹 객관식 문제를 풀면서 그것을 아웃풋이라고 생각하는 경우가 있어요. 그런데 여기에는 함정이 하나 있습니다. 객관식은 말 그대로 사지선다, 오지선다에서 정답을 찾는 것입니다. 그런데, 정답을 찾았다고 해도 정확히 모를 수 있습니다. '대강' 알아도 맞힐 수 있는 게 객관식 문제예요. 헷갈려서 대강 선택했는데 정답일 수도 있습니다.

그렇다면 어떻게 해야 제대로 아는지 확인할 수 있을까요? 바로 '말'로 해보는 거예요. 설명할 수 없다면 아는 게 아니라는 유명한 말처럼 '말'로 발화하도록 해야 합니다. 말로 직접 설명하다 보면 비로소 아는지 모르는지 정확해지거든요. 과목이 무엇이든 상관없습니다. 국어, 수학, 과학, 사회 모두 '직접 설명해보도록' 해주세요.

배운 내용을 설명하는 것 다음으로 중요한 것은 오늘 배운 내용 중 가장 '중요하다고 생각하는 것'을 말하는 거예요. '중요한 것'이 아니라 '중요하다고 생각하는 것'을 말하는 겁니다. 사실 배운 내용마다 중요한 것이 있게 마련이지만 초등학생은 그것을 파악하기가 무척 어렵습니다. 배운 내용이 큰 편차 없이 비슷하게 이어지는 경우도 많습니다. 따라서 '중요하다고 생각하는 것'처럼 약간의 주관성이 포함된 것을 말하게 해야 학습 내용을 적극적으로 떠올려볼 수 있습니다. 다만 이때 '이유'도 말하게 해주세요. 그래야 왜 그것을 중요하게 생각했는지 알 수 있습니다.

다음으로 배운 것에 대한 소감을 말하는 것 또한 의미가 있습니다. 모든 것은 '감정'과 연결될 때 의미를 갖거든요. 재밌었는지, 어려웠는지, 흥미로웠는지, 혹은 뿌듯했는지 등 배운 내용에 대해 소감을 말하게 합니다. 마지막으로 더 나은 학습, 배움이 일어나기 위해서는 그날의 '질문' 또한 중요합니다. 질문 자체가 학습에 대한 동기부여가 되기도 합니다.

정리하면 다음과 같습니다.

· 오늘 배운 내용

· 중요하다고 생각하는 것

· 소감(흥미롭다, 어렵다, 재밌다, 뿌듯하다 등)

· 궁금한 점(질문)

이런 내용을 담아 학습 후 말하기를 해봅니다.

말하기 상황 : 학습 후 정리하는 말하기	
말하기 구조 : 배운 내용 – 중요 – 소감 – 질문 구체적인 상황 : '지도'에 대해 배우고 말하기	
문장 구조	실제 예시
오늘 배운 내용은요.	오늘 배운 내용은요, 사회 시간에 지도에 대해 배웠어요. 지도, 지도 기호, 등고선 등에 대해 알게 되었어요. 지도는 땅의 모습을 줄여서 그린 거예요. 지도 기호는 지도를 그리는 데 쓰는 여러 가지 기호이고요. 등고선은 높이가 같은 지점을 연결한 선이에요.
제가 생각하는 중요한 것은요. 이유는요.	제가 생각하는 중요한 건 지도 기호예요. 이유는요, 기호가 있어야 많은 것을 지도에 잘 표시할 수 있으니까요.

오늘 배운 것에 대한 소감은요.	오늘 배운 것에 대한 소감은요, 지도는 복잡하면서도 재밌는 거라는 거예요. 그리고 지도와 관련된 단어들은 좀 어려웠어요.
질문이 있어요.	질문이 있어요. 지도 기호에 PC방 같은 것이 없는 이유가 궁금해요!

　　그날 배운 것을 노트나 교과서, 책 등 무엇이든 보면서 이렇게 말하게 도와준다면 정말 제대로 배움이 일어나는 학습이 이뤄집니다. 학습 후 말하기는 생각나는 대로 막 쏟아내는 말하기가 아니기 때문에 익숙해지기까지 시간이 좀 걸릴 수도 있습니다. 하지만 이렇게 차분하게 말하기 연습을 한다면 다음에 학습할 때 자연적으로 말의 구조가 떠오를 거예요. 학습하면서 어린이는 모르는 사이에 학습의 기준을 갖게 될 수도 있고요. 이렇게 말한 내용을 그대로 글로 적어봐도 좋습니다. 멋진 학습 일기, 배움 일기가 될 거예요.

　　.

07
신문 기사
읽고 말하기

우리 주변에는 읽을거리가 참 많습니다. 동화책부터 지식 책, 만화책, 그리고 어린이 잡지까지 참 많은 읽을거리가 있습니다. 글 읽기를 좋아하는 어린이들은 과자를 먹으면서 과자 봉지의 깨알 같은 글자까지 읽지만, 그렇지 않은 친구들은 짧은 글도 읽고 싶어 하지 않습니다. 그런데 이런 어린이들의 시선을 끄는 글이 있습니다. 바로 신문 기사입니다.

신문 기사는 지금 당장 우리 주변에서 일어나고 있는 일들을 다루기 때문에 보여주기만 해도 어린이들이 관심을 갖는 경우가 많습니다. 굵직하게 표현된 표제(헤드라인), 그보다 작은 글씨로 쓰인 부제와 관련 사진, 사진 아래 사진 설명, 기사 본문 등 기사 하나를 구성하는 요소들 자체가 입체적인 느낌을 주고, 하나의 지면 안에 여러 기사가 있어서 일반적인 줄글에 비하면 어린이들의 호기심을 끌기 딱 좋습니다.

신문 기사를 읽다 보면 자연스럽게 우리 사회의 이슈와 분위기를 알 수 있습니다. 신문 기사는 사회 전반을 대상으로 한 이슈부터 환경 이야기, 과학 이야기, 다른 나라 이야기를 모두 다루기 때문에 세상을 보는 하나의 창이나 마찬가지입니다. 매일 기사를 하나만 읽어도 1년이면 365개를 읽게 되는데, 그러다 보면 세상을 보는 자기만의 관점이 생길 거예요.

그렇다면 신문 기사를 읽고 어떤 말하기를 하면 좋을까요? 어린이들에게 소감을 말해보라고 하면 책을 읽고 난 후와 마찬가지로 '재밌어요'라고 말하는 경우가 많습니다. 어린이들은 일단 자신의 호기심을 자극하면 글의 종류와 상관없이 '재밌다'라고 말합니다. 사실이 말에는 여러 가지 뜻이 담겨 있긴 합니다.

"새로운 것을 알게 되어 좋아요."
"정말 제 마음을 꽉 채웠어요."

"흥미진진하고 긴장감 넘쳤어요."

"놀랍고 충격적이어서 빠져들어 읽었어요."

이런 다채로운 감정을 '재밌다'라는 말로 뭉뚱그리는 것이지요. 그럴 때는 구체적으로 말할 수 있도록 도와주어야 합니다. 어린이가 책을 읽은 후 어른들이 자주 하는 질문인 '어떤 내용이야?'라는 말은 삼가는 것이 좋습니다. 너무 막연한 질문이라 중언부언 답할 수밖에 없거든요. 기사를 읽듯 내용을 그대로 말할 수도 있어요.

신문 기사를 읽은 후에는 아래와 같은 내용을 말하게 해주세요.

· 이 기사는 무엇에 관한 내용인가?(소재 또는 화제)

· 좀 더 자세히 설명한다면?(내용 요약)

· 기사 읽고 한마디(의견 및 소감)

기사 하나를 들어 구체적으로 살펴보겠습니다.

택배 과대 포장, 2년 후부터 단속해요

나라에서 택배 포장을 너무 많이 하는 것을 2024년 4월 30일부터 못 하게 한다고 해요. 그런데 2년 동안은 이 법을 어겨도 처벌하지 않을 거래요. 원래 2년의 세월 동안 준비한 건데 또 2년이 늘어나서 사람들은 환경을 생각하지 않는 거라고 비판하고 있어요.

우리나라는 택배가 무척 활발히 이루어지고 있어요. 한 사람이 1년에 70개도 넘게 택배를 받는다고 해요. 그 결과, 택배 상자 등 많은 쓰레기가 나오고 있어요. 환경에 문제가 될 수밖에 없지요.

포장을 많이 하지 않기 위한 규정은 이래요. 우선 상자 안의 공간이 반 이상 비어 있으면 안 돼요. 다만 식품 같은 것을 보낼 때 상하지 말라고 넣는 보냉재 같은 건 물건으로 취급되어서 이걸 포함해서 남은 공간이 반 이하여야 하는 거예요. 작은 상자는 이런 규제를 받지 않고요.

우리나라 정부는 식당과 카페 등에서 일회용품을 사용하지 못하게 했다가 말을 바꾼 적이 있어요. 그런데 이번에 또 이렇게 하니까 사람들의 불만이 많아요.

위의 기사는 2024년 3월 택배 과대 포장 규제에 대해 신문사마다 쏟아져 나온 기사를 재구성한 내용입니다. 과대 포장 규제를 시행하되 2년간 유예한다는 내용이에요. 이 기사를 함께 읽고 나서 어떤 말하기가 가능할까요?

우선, 기사는 어떤 이슈나 사건, 주요 소식을 전하는 것이므로 '이 기사의 화제'를 말하는 것이 가장 중요합니다. 이 기사는 '택배 과대 포장을 규제하되 2년간은 처벌하지 않는다'가 화제입니다. 신문 기사는 첫 문단에 화제를 제시한 뒤 그다음 문단부터 이를 좀 더 자세히 설명하는 식으로 구성되어 있어요. 그렇다면 다음으로 '내용을 더 자세히 설명'해야 합니다. '이미 2년의 준비 기간이 있었다. 또 2년간 처벌을 미루는 것이다. 우리나라는 택배 쓰레기가 많아 환경 문제가 심각하다'와 같은 이야기를 할 수 있습니다. 다음으로 기사 내용에 대해 간단히 의견이나 소감을 말합니다. 쉬워 보이지만 기사 내용의 핵심을 간파해야 하고 일상적인 말하기와 달리 기사에 나온 단어들을 사용해서 말해야 하는 거라 그리 만만하지 않습니다.

정리하면 다음과 같습니다.

말하기 상황 : 기사 읽고 말하기

말하기 구조 : 소재 또는 화제 – 내용 요약 – 의견 및 소감
구체적인 상황 : '택배 과대 포장' 관련 기사를 읽고

문장 구조	실제 예시
이 기사는 이런 일에 관한 기사예요.	이 기사는 이런 일에 관한 기사예요. 택배 포장을 너무 많이 하는 것을 단속할 건데 2년간은 처벌을 미룬다는 내용이에요.
좀 더 자세히 설명할게요.	좀 더 자세히 설명할게요. 원래 법을 만들기 위해 2년을 준비했는데 또 2년간 처벌을 미룬다는 거예요. 우리나라는 택배 쓰레기가 많아서 환경을 생각하지 않는 거라고 사람들이 말하고 있어요.
이 기사를 읽은 저의 의견은요.	이 기사를 읽은 저의 의견은요. 2년을 미루지 않고 법을 어기면 바로 처벌하면 좋겠어요. 한번 망가진 환경은 돌아오지 않으니까요.

소재나 화제 말하기, 내용 요약하기를 처음부터 잘하기는 쉽지 않으니 곁에서 계속 도와줘야 합니다. 요약은 기계적인 방식으로 하기엔 한계가 있습니다. 특히 초등학생은 요약 '기술'을 배우기보다 조금 서툴러도 기사를 읽고 계속 어른과 소통하면서 요약 내용을 다듬어가는 것이 좋습니다. 그 과정에서 기사를 반복적으로 읽으려고 노력하기 때문에 읽는 힘도 상승할 거예요.

08
사회 문제에
대해 말하기

독서 교실에서 어린이들과 『우리 학교가 사
라진대요』라는 책을 읽고 이야기를 나눈 적이 있습니다.
저출산 문제를 다룬 책으로, 과거부터 지금까지 우리나라의 인구 정
책과 인구 현황 등을 재미있게 풀어낸 책입니다. 뒤로 갈수록 내용이
조금 어려워지지만, 소재 자체가 요즘 상황에서 이슈가 되는 내용이
라 어린이들도 대체로 흥미롭게 읽습니다.

이 책을 읽은 소감을 물으니 저마다 아는 것을 늘어놓았습니다.

"학교에서도 저출산 문제에 대해 이야기한 적이 있어요."

"선생님, 뉴스에서 봤는데 서울에도 문 닫는 학교가 있대요."

"일본도 저출산이래요."

"선생님, 이제 아이가 두 명이어도 다자녀 가구래요."

이야기가 마구 쏟아져 나와 함께 뉴스를 찾아보고 기사도 읽어 보고 책 내용도 상기하면서 여러 가지 이야기를 나누었어요. 순식간에 많은 배경지식을 얻고, 최근에 발표된 저출산 정책도 알아보며 각자 의견을 나눠봤습니다.

우리 어린이들은 사회 문제에 관심이 많습니다. 너무 바쁜 일상을 사느라 사회 문제에 관심을 가질 여유나 기회가 없었을 뿐이에요. 때론 어른들이 이런 문제에 관심을 두는 것을 가로막기도 합니다. "공부나 열심히 해", "너는 그런 거 알 필요 없어"라는 말로 사회와 차단하려고도 합니다. 아마도 너무 일찍 사회를 알아가는 것에 대한 두려움 때문이겠지요.

하지만 숨기려고 해도 어린이들은 이미 각자의 방식으로 사회를 보고 배우고 있어요. 주변을 다니면서, 또 책을 읽으면서 말이죠. 어른들의 모습에서도 배우지요. 스마트폰을 가지고 있는 어린이라면 뉴스를 찾아보고 여러 SNS를 보면서 이미 사회를 접하고 있습니다. 어린이도 이 사회의 구성원이라는 것을 인정하고 존중한다면 사회 문제에 대한 이야기를 함께 나눌 수 있을 거예요.

사회 문제란 말 그대로 사람들이 모여 사는 사회라면 필연적으로 생겨나는 문제입니다. 사회 제도, 구조의 모순으로 인해 생겨나는 문제들도 있어요. 도시 문제나 농촌 문제부터 빈곤 문제, 범죄 문제를 비롯해 가족 문제, 저출산 고령화 문제, 환경 문제, 의료 문제, 학벌주의, 차별 문제 등 다양한 문제가 있습니다.

책은 이런 사회 문제를 에둘러 간접적으로 표현합니다. 어린이 책에는 다양한 어린이들이 등장하지요. 그렇다고 해서 어린이만 등장하는 건 아니에요. 어린이와 함께 살아가는 어른, 나아가 그 어른들이 어우러져 사는 사회를 간접적으로, 때론 직접적으로 보여줍니다. 사회 교과서도 사회 문제를 다루죠. 신문 기사도 빼놓을 수 없습니다. 경험상 어린이들은 교과서보다는 시의성 있는 기사를 더 즐겨 읽고 좋아합니다. 바로 지금 이 순간의 이야기들을 생생히 전해주니까요.

그래서 앞에서 '신문 기사 읽고 말하기'를 다룬 거예요. 신문 기사 전반의 내용에 대한 말하기를 앞에서 다뤘다면 이번에는 사회 문제를 좀 더 구체적으로 살펴보는 말하기를 해봅시다. 기사를 하나 보겠습니다.

개 식용 금지법이 시행되었어요.

2027년부터 개를 잡아먹기 위해 키우는 것, 죽이는 것, 서로 사고팔고 또 소비자에게 파는 것이 모두 금지돼요. 2024년 법이 시행되었는데, 다만 개고기를 파는 식당은 준비를 해야 하므로 3년의 기간을 주고 단속하는 것은 2027년부터 시작하기로 했어요.

먹기 위한 목적으로 개를 죽이면 3년 이하로 감옥살이를 할 수 있어요. 또는 3,000만 원 이하의 벌금을 내야 해요. 먹기 위한 목적으로 키우는 것도, 관련된 일을 하는 사람끼리 사고파는 것도 벌을 받아요.

이 법의 이름은 '개 식용 금지법'이에요. 이 법이 발표된 뒤 동물을 좋아하는 사람들, 여러 동물 단체들이 무척 기뻐했어요. 그간 우리가 개를 잡아먹는 것은 동물을 함부로 대하는 거라고 늘 주장해왔거든요.

하지만 관련 일을 하는 사람들은 여전히 반대하고 있어요. 일자리를 잃는 것이나 마찬가지니까요. 피해를 보지 않도록 지원해준다고 했는데 실제로는 부족하다고 주장하고 있지요.

2024년 1월 9일 통과된 개 식용 금지법에 관한 기사를 재구성한 내용입니다. 우리나라는 오랫동안 개 식용 문제로 팽팽히 맞서는 주장들이 있어왔기에 많은 이들이 관심을 갖는 기사였어요. 이렇게 어떤 정책을 발표하고 나면 늘 그 정책에 찬성하는 입장과 반대하는 입장으로 나뉘기 마련이며, 기사에 그 내용이 실리는 경우가 많습니다.

이 기사뿐만 아니라 사회 문제, 특히 새로운 법, 정책 변화를 이야기하는 기사는 대체로 이런 구성으로 이뤄져 있기 때문에 어린이와 읽고 말하기를 하면 좋습니다. 다음과 같은 내용을 말할 수 있겠지요.

· 이런 문제가(일이) 있어요.(사회 문제)

· 이 문제에 대한 이런 의견이 있어요.(의견 1)

· 또 다른 의견이 있어요.(의견 2)

· 제 의견은 이렇습니다.(나의 의견)

말하기 상황 : 사회 문제로 말하기	
말하기 구조 : 사회 문제 – 의견 1 – 의견 2 – 나의 의견 구체적인 상황 : '개 식용 금지법' 관련 기사를 읽고	
문장 구조	실제 예시
이런 일이 있었어요.	이런 일이 있었어요. 우리나라에서 개를 먹기 위해 사고팔거나 키우는 일이 금지된다는 법이 생겼대요.

이 문제에 대해 이런 의견이 있어요.	이 문제에 대해 이런 의견이 있어요. 개를 잡아먹는 것은 동물을 함부로 대하는 것이라면서 이를 금지하게 된 것을 좋아하는 태도예요.
다른 의견도 있어요.	다른 의견도 있어요. 관련된 일을 하는 사람은 일자리를 잃는 것이기 때문에 싫어해요. 피해를 보상해줄 나라의 지원이 부족하다면서요.
제 의견은요.	제 의견은요, 반려견이 거의 가족같이 되어버린 요즘 상황에 맞는 법 같아요.

어린이가 사회의 한 구성원이라면 사회 문제에 대한 의견 또한 말할 수 있도록 도와주어야 합니다. 마지막에 자신의 의견을 덧붙인다면 당당히 의견을 말하는 법도 배울 수 있을 거예요. 오늘부터 어린이와 함께 매일 신문 기사를 한 편씩 읽어보는 것은 어떨까요? 〈어린이 동아〉와 〈어린이 조선〉 홈페이지에 가면 다양한 기사를 다운로드받을 수 있습니다. 2024년 출간된 제 책 『하루 10분 초등 신문』을 참고하는 것도 좋습니다.

5장

책 읽고 말하기

: 스스로 읽고 표현하는 힘을 채워주는 법

01
이야기책에 담긴
내용 말하기

"선생님, 저희 아이가 책을 읽기는 하는데 제대로 잘 읽는 건지 도무지 모르겠어요."

강연장과 수업 상담에서 정말 수도 없이 듣는 말입니다. 대부분의 부모님들이 항상 우리 아이가 책을 제대로 읽는 건지 궁금해하세요. 책 읽기의 이해 과정은 눈에 보이는 것이 아니니 궁금해하는 것도 너무나 당연합니다.

우선 이 이야기를 더 자세히 하기에 앞서 꼭 기억했으면 하는 한 가지 중요한 점을 짚고 넘어가고 싶어요. 책은 이해하기 위해서 읽는 것이 아니라 재미와 감동, 정서 충만 등 책을 들고 읽는 독자 자신의 목적을 달성하기 위해 '이해하려고 노력하며' 읽는 글이라는 거예요. 이러한 이유로 다 읽고 나면 이해는 다 되었으나 마음의 울림이 적은 책도 있고, 완전히 이해되지는 않아도 가슴을 채우는 책도 있습니다.

책을 들고 읽는 독자는 그래서 자신이 이 책을 얼마나 이해했는지보다는 자기 자신에게 얼마나 만족감을 주었느냐를 중심에 두는데, 어린이가 책을 읽는 모습을 보는 부모님이나 선생님은 '학습하고 있다'라고 오해하기 때문에 잘 이해했는지만 묻습니다. 내 가슴을 두드리는 책을 읽었는데 누군가가 나에게 내용을 얼마나 이해했는지만 묻는다면 어떨지 생각해보면 단번에 답이 나옵니다.

어린이에게 먼저 해야 하는 질문은 '다 이해했어?' 또는 '제대로 읽었어?'가 아니라 '마음에 울림이 있었어?'가 되어야 합니다. 이걸 먼저 꼭 기억해주세요. 이런 질문으로 대화를 시작하면 자연스럽게 내용의 이해도를 파악할 수 있습니다. 그리고 이해하지 못한 내용이 있더라도 이는 문제가 아닙니다. 계속 독서를 한다면 다른 책을 읽어 나가다가, 혹은 경험이 쌓이고 생각이 자라면서 이해되는 순간을 반드시 마주하게 되어 있습니다. 이해도와 감상도가 꼭 비례하지는 않는 것이지요. 그러면 책을 이해하지 않아도 되느냐는 질문이 떠오를 겁니다. 전혀 이해되지 않는 책은 끝까지 읽을 수 없습니다. 어린이가 책 한 권을 혼자 다 읽어냈다면 어느 정도 이해했다는 것이므로 크게 염려할 필요는 없습니다.

　노파심에 이야기가 길어졌습니다. 감상을 질문하는 데서 시작해 결국 내용 이야기까지 넘어갔어요. 바로 이때 필요한, 읽은 것을 정확히 말하는 기술을 이야기하고자 합니다. 이해하지 못해도 말할 수 있느냐고요? 제가 말씀드리는 이해는 의미의 이해입니다. 표면에 드러난 내용은 의미 파악 여부와 상관없이 당연히 이야기할 수 있어요.

　우선 이런 질문은 삼가세요.

"내용 말해봐"

　이 질문은 어제부터 오늘까지 먹은 음식을 다 말하라고 하는 것이나 마찬가지입니다. 3박 4일 동안 여행지에서 있었던 일을 순서대로 읊으라고 하는 것과 같아요. 내용을 물어볼 때는 어린이에게 적당한 말하기 구성 요소를 안내해줘야 합니다. 이해하기 쉽게 누구나 아는 전래동화 『해님 달님 이야기』로 대화 사례를 구성해봤습니다.

😊 책 어땠어? 마음에 울림이 있었어?

😊 네, 진짜 재밌었어요.

😊 어떤 면이 재밌었어?

😊 호랑이가 떨어져 죽는 게 통쾌했어요.

😊 아, 그랬구나. 왜 떨어졌는데?

😊 오누이를 잡아먹으려고 나무 위로 올라가다가 떨어져 죽었어요.

😊 오누이를 잡아먹으려고 했다고?

😊 네, 엄마를 먼저 잡아먹고 그다음에 오누이를 잡아먹으려고 했어요.

😊 아이고, 너무 무섭다.

😊 그렇죠? 하지만 죽었으니까요!

😊 그럼 오누이는 어떻게 되었어?

😊 하늘로 올라가서 해와 달이 되었어요.

😊 아, 그랬구나!

위의 대화를 분석해볼까요? '감상'에서 시작해 내용 말하기까지 자연스럽게 진행됩니다. 처음부터 내용을 묻는다면 다소 딱딱하게 대화가 진행될 수도 있는데 마음의 울림부터 물으니 책에 대한 어린이의 마음을 들으면서 내용을 자연스럽게 이야기할 수 있게 되었어요. 짧지만 어린이의 이야기를 듣는 부모님의 감상도 더해져 일방적인 질문이 아니라 그야말로 책에 대한 대화가 되었지요. 이러한 방식의 책 대화는 부모님이 책을 읽지 않아도 가능하다는 점에서 좋습니다. 다음으로 어린이 혼자 이야기책 말하기를 돕는 방법을 알아보겠습니다. 혼자 내용을 말할 때도 역시 말하기 구조가 있어야 합니다.

말하기 상황 : 읽은 내용 말하기

말하기 구조 : 제목 – 등장인물 – 사건 – 사건의 해결 - 감상
구체적인 상황 : 『해님 달님 이야기』를 읽고 내용을 말하는 상황

문장 구조	실제 예시
이번에 읽은 책의 제목은요,	이번에 읽은 책의 제목은요, 『해님 달님 이야기』예요.
이 책에 등장하는 사람은요,	이 책에 등장하는 사람은요, 엄마, 오누이, 호랑이예요.
이 책에서 벌어진 일이 있어요.	이 책에서 벌어진 일이 있어요. 호랑이가 엄마를 잡아먹고 오누이도 잡아먹으려고 했어요.

그 일은 이렇게 해결되었어요.	그 일은 이렇게 해결되었어요. 나무 위로 올라간 오누이가 거짓말을 해서 호랑이를 떨어지게 했어요.
제가 이 책을 읽고 하고 싶은 말은요,	제가 이 책을 읽고 하고 싶은 말은요, 남을 해치려고 하면 결국 자기가 당하니까 그러지 말라는 거예요!

말하기를 돕는 첫 문장을 제시해 그 첫 문장으로 말을 시작하도록 해주세요. 어린이가 중언부언하거나 너무 길게 말하면 어른이 조금씩 정돈해줍니다. 마지막 문장의 경우, 간단한 감상을 묻는 것이지만 내용 말하기에 한 문장 정도 자연스럽게 덧붙이면 더 풍성한 내용이 될 수 있어 추가했습니다. 내용만 말해야 하는 상황이라면 빼도 좋습니다. 그렇게 여러 번 반복해서 익숙해지면 그다음부터는 말하기를 돕는 첫 문장은 빼고 말하게 해주세요. 그래야 훨씬 자연스러운 문장으로 말할 수 있습니다. 그럼 아래와 같은 문장으로 더 깔끔하게 말할 수 있습니다.

『해님 달님 이야기』를 읽었습니다. 이 책에는 엄마, 오누이, 호랑이가 나옵니다. 호랑이는 엄마를 잡아먹고 오누이도 잡아먹으려고 했어요. 그런데 나무 위로 올라간 오누이가 거짓말을 해서 호랑이를 떨어지게 했어요. 이렇게 남을 해치려고 하면 결국 자기가 당하니까 그러지 않았으면 좋겠어요.

책 읽고 내용 말하기를 할 때는 처음에는 쉽고 짧은 책으로 시도하세요. 전래동화처럼 전개가 빠르고 기승전결이 명확한 책이 가장 좋습니다. 그래야 효능감을 느끼며 재밌게 말할 수 있습니다. 자신의 마음에 꽉 들어찬 책은 울림이 가득할 수 있으나 내용을 풀어 말하기가 쉽지 않습니다. 그런 책은 그저 마음에 잘 담아두도록 해도 충분합니다.

02
이야기책 읽고
느낀 점 말하기

　　　　　책을 읽고 자신의 생각을 말하는 것은 그리
쉬운 일이 아닙니다. 감상은 말 그대로 느끼고 생각하는 것이지
요. 사람의 마음 안에 뭉뚱그려진 생각이나 느낌은 사실 잡으려고 해
도 좀처럼 잡히지 않는 구름 같거든요. 그 뭉뚱그려진 구름 같은 것
을 손에 잡히는 느낌이 들도록 정확한 단어를 사용해서 문장으로 구
성해야 하기에 많은 어린이가 책을 읽고 그저 '재밌었다'라고 말할
수밖에 없는 것이지요.

　　책을 읽고 나서 감상을 말하기 위해서는, 우선 그 뭉뚱그려진 것
을 하나하나 풀어내게 도와줘야 합니다. 혼자 말하기를 하기 전에 대

화를 통해 자신의 생각을 문장으로 표현하도록 도와주세요. 생각을 풀어내게 도와주는 것은 널리 알려진 대로 질문이 가장 좋습니다. 이 책에서 여러 가지 말하기를 이야기하며 계속 질문과 답변의 예시를 소개했어요. 질문이 가장 빛을 발하는 분야는 뭐니 뭐니 해도 이야기책 읽고 느낀 점 말하기입니다.

느낌과 생각은 무언가 잡힐 듯 잡히지 않는 구름 같은 거라고 말했습니다. 이를 표현할 수 있는 가장 강력한 방법은 '경험'과 연결 짓는 거예요. 경험은 어린이가 직접 겪은 일, 좀 더 폭넓게 생각하면 듣거나 본 것을 모두 포함하는 개념이에요. 경험은 매우 구체적인 것이어서 읽은 것과 연관된 경험을 떠올리며 이야기하다 보면 자신이 무엇을 느끼고 생각했는지 자연스럽게 인지하게 되고 경험을 말하듯 결국 생각도 말하게 됩니다.

초등학교 3학년 전후의 어린이가 재밌게 읽을 만한 책 중『잔소리 없는 날』이라는 동화가 있습니다. 평소 잔소리를 너무도 싫어하던 주인공 푸셀이 소원대로 잔소리 없는 날을 하루 얻으면서 벌어지는 일을 그린 동화입니다. 잔소리가 없다는 기쁨에 푸셀은 아침에 양치를 안 하고 학교에 가고, 수업이 다 끝나지도 않았는데도 학교를 나섭니다. 라디오 가게에선 돈을 내지 않고 멋진 라디오를 가져오려고 해요.

낮에는 친구들을 초대해서 파티를 열려다가 안 되니 술주정뱅이를 초대하기도 합니다. 저녁에는 텐트를 치고 밖에서 자려고 하지요.

이 책을 읽은 어린이들에게 감상을 물어보면 당연하게도 천편일률적인 답을 합니다. 앞에 이야기한 대로 '재밌었다'라는 답이죠. 아래 대화 사례를 한번 보겠습니다.

> 책 어땠어?
>
> 재밌었어요.
>
> 공감되는 장면이 있었어?
>
> 네, 푸셀이 양치 안 하고 학교에 가니 친구가 입에서 냄새난다고 한 장면이요.
>
> 어떤 면에서 공감됐어?
>
> 저도 지난번에 양치하는 게 귀찮아서 그냥 갔는데 친구가 똑같이 말했거든요.
>
> 그래서 어떤 생각을 했어?
>
> 아무리 귀찮아도 양치는 해야겠다고 생각했어요.
>
> 하하, 좋은 깨달음을 얻었구나. 그럼 혹시 공감이 안 된 장면도 있었어?
>
> 네, 집에 술 취한 아저씨를 데리고 오는 장면이요. 너무 말이

안 돼요.

🧑 그렇구나. 그게 왜 말이 안 될까?

🧒 파티를 열고 싶다고 처음 보는 사람을 집에 오게 하는 게 너무 이상해요. 게다가 술을 먹은 아저씨를요.

🧑 요즘은 그러면 참 위험하긴 하지! 그런데 왜 그랬을까?

🧒 그렇게라도 잔소리 없는 날을 즐기고 싶었던 건 아닐까요?

🧑 아, 그럴 수도 있겠다.

자, 어떤가요? 엄마의 질문은 크게 두 가지로 나눠볼 수 있습니다. 바로 공감하는 장면과 공감하지 못하는 장면에 관한 질문입니다. 공감하는 장면에 관해 이야기하다 보니, '귀찮아도 양치 정도는 해야겠다'라는 '생각'을 말하게 됩니다. 공감하지 못하는 장면에 관해 이야기하다 보니 '그렇게라도 잔소리 없는 날을 즐기고 싶었던 것 같다'라는 '생각'을 말하게 되고요. 이렇게 '공감'을 키워드로 두 가지 질문만 해도 자연스럽게 감상 말하기까지 이어집니다. 다시 한번 강조하지만, 책을 읽은 후에는 '경험'과 연결 지어주어야 이렇게 자연스럽게 생각을 말하게 됩니다. 경험을 말하게 하는 좋은 질문이 바로 '공감하는 장면'과 '공감하지 못하는 장면'에 대해 이야기하는 거예요.

공감하는 장면에 대해 말하기는 다음처럼 정돈할 수 있습니다.

말하기 상황 : 읽은 것의 감상 말하기 1	
말하기 구조 : 제목 – 공감하는 장면 – 공감하는 이유 – 그때 한 생각 구체적인 상황 : 『잔소리 없는 날』을 읽고 감상을 말하는 상황	
문장 구조	**실제 예시**
이번에 읽은 책의 제목은요,	이번에 읽은 책의 제목은요, 『잔소리 없는 날』이에요.
이 책에서 공감된 장면은요,	이 책에서 공감된 장면은요, 푸셀이 양치를 안 하고 학교에 가서 입냄새 난다는 말을 들은 장면이에요.
공감된 이유는요,	공감된 이유는요, 그 장면을 보고 저도 양치를 안 해서 그런 말을 들은 경험이 떠올랐거든요.
그때 어떤 생각을 했느냐면요,	그때 어떤 생각을 했느냐면요, 아무리 귀찮아도 양치는 꼭 해야겠다고 생각했어요.

부모님들에게 독후감에 '재밌었다'라는 말만 쓴다는 고민을 정말 많이 듣습니다. 생각을 말할 수 있는 고리가 없으니 어린이로선 당연히 그럴 수밖에 없습니다. '공감'이라는 키워드 하나만 기억해도 생각을 말할 수 있습니다.

다음은 '공감하지 못하는 장면'에 대해 말하기입니다.

말하기 상황 : 읽은 것의 감상 말하기 2

말하기 구조 : 제목 – 공감하지 못하는 장면 – 공감하지 못하는 이유 – 그때 한 생각
구체적인 상황 : 『잔소리 없는 날』을 읽고 감상을 말하는 상황

문장 구조	실제 예시
이번에 읽은 책의 제목은요,	이번에 읽은 책의 제목은요, 『잔소리 없는 날』 이에요.
이 책에서 공감하지 못한 장면은 요,	이 책에서 공감하지 못한 장면은요, 푸셀이 파티를 하고 싶어서 술 취한 아저씨를 집에 데리고 온 장면이에요.
공감하지 못한 이유는요,	공감하지 못한 이유는요, 그건 너무 위험한 일이기 때문이에요. 모르는 사람을 집에 데려오는 건 위험해요.
그때 어떤 생각을 했느냐면요,	그때 어떤 생각을 했느냐면요, 친구들이 모두 학원에 갔지만, 그렇게라도 해서 파티를 열고 싶었던 푸셀의 마음이 이해는 됐어요.

'공감'이라는 키워드를 기억하며 어린이가 읽은 책에 관해 이야기를 나눠보세요. 훨씬 더 풍성한 대화가 오갈 거예요.

03
이야기책 읽고
비평하는 말하기

어린이들과 이야기를 나누다 보면 책에 대해 양가감정이 있다는 것을 알게 됩니다. 재밌고 좋다는 감정과 그런데도 너무 싫다는 마음이에요. 어릴 때 재밌는 책을 경험한 어린이들은 일단 책이 좋다고 생각합니다. 그러나 학년이 오를수록 '읽어야 하는 책'의 경험이 늘어나면서 점점 책이 싫어집니다. 어느 한 대상을 좋아하면서도 싫어한다는 것이 어떤 면에서는 슬프기까지 합니다.

이 두 가지 감정에 집중하다 보니 책과 관련해서 잘 배우지 못하는 것이 있습니다. 그건 독자로서 책을 비평할 수 있는 권리가 있다는 거예요. 책을 읽어야 한다, 책 읽기가 중요하다는 말을 들으며 자라는 우리 어린이들이 책을 지나치게 경외시하는 모습을 저는 현장에서 자주 봅니다. 책은 무조건 좋은 것, 읽어야 하는 것, 내 머릿속에 다 집어넣어야 하는 것이라고 생각하는 어린이가 정말 많습니다.

중요한 것은 비평할 줄 알아야 초보 독자 단계에서 성숙한 독자 단계로 나아갈 수 있다는 거예요. 책을 마냥 경외시하게 둔다면 결코 성숙한 독자가 될 수 없습니다. 비평은 전문 비평가가 되기 위해서가 아니라 좀 더 성숙한 독자가 되고, 능동적 읽기를 하는 어린이가 되기 위해 꼭 필요한 것이라는 점을 기억해야 합니다.

비평에 대해 좀 더 자세히 알아볼까요? 비평은 어떤 대상의 가치를 판단해 평가하는 것입니다. 비난하거나 단점을 끄집어내는 것이 아니라 가치를 찾아내려는 것입니다. 따라서 비평하는 말하기를 하기 전에 어린이에게 비평은 비난과 다르며, 작가가 작품에 담은 진심을 훼손하는 일이 아니라는 것을 꼭 알려주어야 합니다.

또한, 비평은 어린이가 직접 골라 읽은 책으로 해야 합니다. 읽기 싫은데 억지로 읽은 책은 마음에 남지 않으므로 객관적 비평이 불가능합니다. 억지로 읽었으니 개인적인 감정을 담아 좋지 않은 이야기만 할 가능성이 큽니다. 개인의 감상과 객관적 평가는 구분해야 하는데, 감정이 좋지 않으면 그게 불가능하지요.

자, 그렇다면 어떤 내용을 말해야 할까요? 비평할 땐 우선 책을 형식과 내용 두 가지 면으로 나눠 생각해보는 것이 좋습니다. 형식 면에서 살펴볼 내용, 내용 면에서 살펴볼 내용은 아래와 같습니다.

형식	내용
· 제목이 내용과 어울리나요? 관심을 끌 만한 제목인가요? · 표지 그림이 매력적이고 책 내용에 호기심을 갖게 하나요? · 삽화는 내용과 잘 어울리고 내용과 맞나요? · 글자의 크기나 색은 적당한가요?	· 스토리는 재미있나요? · 인물들이 매력적인가요? · 요즘 어린이들이 공감할 만한 주제인가요? · 결말이 마음에 드나요?

더 많이, 더 자세한 내용을 말할 수 있지만 처음에는 대강 위의 내용 정도만 말하게 해도 충분합니다.

형식에 대한 부분부터 하나씩 질문하면서 이야기를 나누어주세요. 지나치게 개인적인 감정에 치우쳐 있다면 대화하면서 적당히 조율해주는 것이 좋습니다. 이야기책을 재밌게 읽은 어린이라면 내용에 관한 질문에 대해서도 개인적인 감상을 넘어서 객관적으로 이야기할 수 있을 거예요. 위의 질문에 대해 충분히 대화한 다음 말하기를 하게 해주세요.

책의 형식과 내용에 대해 비평할 때는 먼저 제목과 간단한 내용을 말하는 것이 기본입니다. 또한 앞의 내용을 하나하나 모두 다루려면 말할 게 너무 많아져 이야기하기 힘들 수도 있습니다. 전체적으로 묶어서 아래와 같이 말하게 해주세요.

말하기 상황 : 이야기책 읽고 비평하는 말하기

말하기 구조 : 책 제목 – 내용 소개 – 형식 비평 – 내용 비평 – 결론
구체적인 상황 : 『욕 좀 하는 이유나』를 읽고 비평하는 말하기

문장 구조	실제 예시
오늘 비평할 책은요,	오늘 비평할 책은요, 『욕 좀 하는 이유나』라는 책이에요.
이 책의 내용은요,	이 책의 내용은요, 이유나라는 아이가 욕으로 친구를 혼내주려다가 진정한 우정을 나누며 자란다는 이야기입니다.
이 책의 형식 면에서 좋은 점과 아쉬운 점이 있습니다.	이 책의 형식 면에서 좋은 점과 아쉬운 점이 있습니다. 좋은 점은 우선 표지 그림과 제목이 아이들이 좋아할 만하고 호기심을 끈다는 거예요. 아쉬운 점은 마치 욕을 가르쳐주는 듯한 책이라는 오해를 줄 수 있다는 거예요.

이 책의 내용 면에서 좋은 점과 아쉬운 점이 있습니다.	이 책의 내용 면에서 좋은 점과 아쉬운 점이 있습니다. 유나의 캐릭터가 너무 매력적이고 분명해서 재밌어요. 호진이의 사연이 자세히 나오지 않은 것은 아쉬워요.
결론적으로	결론적으로 이 책은 정말 재밌습니다. 모두 읽어 보세요!

어린이가 책이 재미없다고 하면 '다시 읽어봐'가 아니라 '왜 그렇게 느꼈어?'라고 물어봐주세요. 그래야 성숙한 독자로 자라납니다. 자, 그럼 연습해볼까요? 어린이가 최근 스스로 찾아 읽은 책 중에서 골라서 말하게 해주세요.

04
지식 책에 담긴
내용 말하기

지식 책은 말 그대로 지식을 담고 있는 책입니다. 지식 정보 책이라고 부르기도 하고, 비문학 책이라고도 합니다. 어린이 지식 책은 대체로 과학, 역사, 사회(정치, 경제, 일반 사회), 인물, 문화예술 등의 분야를 다룹니다.

지식 책을 읽고 나면 보통 책 속 내용이 모두 머릿속에 담겨야 한다고 생각하기 쉽습니다. 한마디로 지식을 습득해야 한다고 생각하는 것이지요. 틀린 말은 아닙니다. 지식 책의 목적 자체가 독자에게 지식과 정보를 주기 위한 것이니까요. 그런데 이건 '책'의 관점입니다. 책을 읽는 '독자'의 관점은 조금 다릅니다. 이는 어린이들이 책을 읽는 이유를 생각하면 이해하기 쉽습니다. 어린이들이 지식 책을 읽는 가장 큰 목적은 지식 그 자체가 아니라 지식을 얻으면서 느끼는 충만감에 있습니다. 지적인 호기심의 충족이라고도 할 수 있지요. 이런 '감정'이 따라왔을 때 '내용'도 의미 있어지는 것이 바로 지식 책 읽기입니다.

이러한 이유로 지식 책은 어린이의 관심사와 전혀 관련 없는 내용이라면 읽기가 쉽지 않습니다. 이것은 공부가 힘든 이유와도 맞닿아 있어요. 초등학교 때까지는 그래도 교과의 지식과 일상이 '약간'은 연결되기 때문에 어느 정도 재미를 붙이며 할 수 있지만 중고등학교는 사정이 다릅니다. 일상과 괴리감 있어 보이는 지식이 과목으로 분류되어 끊임없이 제시되기 때문에 이를 다 익혀야 한다는 것 자체로 이미 쉽지 않죠.

그래서 저는 어린이의 지식 책 읽기는 어린이의 관심사에서 시작되어야 한다고 주장합니다. 초등학생 때부터 관심 없는 내용을 무조건 흡수하게 하는 것은 가능하지도 않을 뿐더러 어린이의 지적 호기심을 말살해버리는 일이기 때문입니다. 지적 호기심이 일찍 훼손당할수록 공부는 점점 더 힘들어집니다. 공부는 장기 레이스이니 저는 초등학교 때까지만이라도 최대한 지적 호기심을 채우는 지식 책 읽기를 할 것을 권유합니다.

그럼 지식 책을 읽고 나면 무엇을 말해야 할까요? 내용을 줄줄 외우는 것이 아니라 어린이의 '감정'을 건드린 부분을 이야기하면 됩니다. 지식 책을 읽고 일어날 수 있는 감정은 대표적으로 다음과 같습니다.

"이건 처음 알게 되었는걸."
"와, 신기하다."
"정말 놀랍다."

이렇듯 감정을 일으킨 부분에 대해 이야기하다 보면 자연스럽게 책의 내용을 말하게 됩니다. 지식 책의 내용은 평소 잘 몰랐던 내용이거나 대강 아는 내용이더라도 말해보지 않은 것이 많습니다. 따라서 책을 보고 말해도 괜찮습니다. 처음부터 유창하게 말하기는 어려우니 이를 감안해서 유창하게 말하게 될 때까지 잘 들어주고 도와주어야 합니다.

세 가지를 모두 말해도 좋지만 처음에는 한 가지만 말하게 해주세요. '처음 알게 된 내용'이 가장 좋습니다. 알게 된 것을 말한 뒤 그것을 알고 난 다음의 소감이나 생각, 의견 등을 말해보는 것이지요.

말하기 상황 : 지식 책 읽고 내용 말하기	
말하기 구조 : 제목 – 처음 알게 된 내용 – 소감 및 생각 구체적인 상황 : 『우주 쓰레기』를 읽고	
문장 구조	**실제 예시**
이번에 읽은 책의 제목은요,	이번에 읽은 책의 제목은요. 『우주 쓰레기』예요.
이 책에서 처음 알게 된 내용은요,	이 책에서 처음 알게 된 내용은요, 우주에 쓰레기가 많다는 거예요. 우주를 떠도는 모든 것들이 우주 쓰레기예요. 인공위성 조각도 있고, 로켓을 발사한 후 버려진 연료통도 있어요. 인공위성이 서로 부딪쳐 생긴 조각들도요.
저는 이런 생각을 했어요.	이 사실을 알고 나니까 우주 쓰레기를 모두 어떻게 처리해야 할지 걱정됐어요.

새롭게 알게 된 내용은 한 문장으로 끝내지 않고 여러 문장으로 자세히 설명해도 됩니다. '처음 알게 된 내용'을 '신기한 내용' 혹은 '더 알고 싶은 내용'으로 바꾸면 어린이의 '감정'을 건드린 내용을 재밌게 말할 수 있습니다.

또한 지식 책 읽고 말하기는 책 한 권을 다 읽고 말하지 않아도 괜

않습니다. 지식 책을 좋아하지 않는 어린이라면 한 권을 다 읽는 것 자체가 상당한 부담이 될 수 있어요. 흥미로워 보이는 지식 책을 골라 '처음 알게 된 내용', '놀라운 내용', '신기한 내용'을 찾아보자고 해주세요. 무언가 찾는다는 읽기 목적을 주면 자연스럽게 읽게 되는 것이 지식 책입니다. 그런 다음에 자연스럽게 말하기를 하게 해주세요.

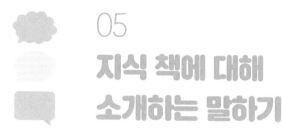

05
지식 책에 대해
소개하는 말하기

우리는 책을 읽으면 보통 내용에 대해서만 말을 합니다. 특히 어린이와 책에 대해 이야기할 때는 더욱 '내용을 잘 아는지'에 집중해서 묻는 경향이 있습니다. 책의 알맹이라 할 수 있는 '내용'은 당연히 중요하지요. 그런데 그보다 더 중요한 게 있습니다. 바로 그 '책 자체'입니다.

책은 여러 소주제들을 하나의 큰 주제로 묶어 쓴 이야기입니다. 그래서 그 내용을 모두 포괄하는 '제목'이 있지요. 또한 한 가지 소재로 이끌어 나갑니다. '무엇'에 대해 썼는지 이야기하는 것이죠. 지식 책은 작가가 그 분야의 전문가이거나 오래 공부한 사람인 경우가 많습니다. 따라서 '작가'를 아는 것도 중요한 요소예요. 모든 작가는 어떤 '의도'나 '목적'을 가지고 책을 씁니다. 그리고 시중에 나온 소재나 주제가 비슷한 수많은 책들과 차별화하기 위해 그 책만의 특징을 담아냅니다.

처음 책을 읽을 때는 보통 내용 자체에 주목하지만, 책 읽기 경험이 쌓이면 독자는 자신도 모르는 사이에 좀 더 큰 시선으로 이런 것들을 같이 읽어내게 됩니다. 그러면서 비로소 책을 더 잘 이해하게 됩니다. 어린이에게도 이런 점을 같이 보면 책을 더 잘 이해할 수 있다는 것을 알려주세요. 이렇게 알게 된 것들을 바탕으로 지식 책에 대해 소개하는 말하기를 하면 됩니다.

정리하면 다음과 같습니다.

· 제목
· 무엇을 썼나?(소재)
· 작가는 어떤 사람인가?
· 작가의 의도(목적)
· 이 책만의 특징

이런 것들을 말하려면 책을 꼼꼼히 봐야 합니다. 제목은 표지에 크게 적혀 있으니 어려울 것 없습니다. '부제'는 제목만큼 중요하니 부제도 꼭 읽어보게 하세요. 다음으로 '무엇'에 대해 썼는지는 지식 책의 경우 보통 제목이나 부제에 나와 있습니다. 예컨대 '우리 주변 식물 이야기'라는 제목의 책이라면 '식물'에 대해 쓴 것이라는 뜻이죠. 지식 책인데도 간혹 제목을 이야기책처럼 은유적으로 표현한 경우가 있는데, 그런 경우에는 부제에 나와 있을 테니 부제를 꼭 읽게 해주세요. 조금 더 자세히 말하려면 목차도 봐야 합니다. 제목으로는 큰 소재만 보이는데, 목차는 좀 더 자세히 알려주니까요. 지식 그림 책은 목차가 없으니 그럴 때는 내용을 보고 무엇에 대해 썼는지 말하게 해주세요.

작가가 어떤 사람인지에 대해 말하려면 책날개의 작가 소개 및 들어가는 말을 읽습니다. 보통 책 내용과 관련된 작가의 이력이나 관련 경력 등이 기재되어 있으니까요. 들어가는 말은 작가를 더 깊이 알게 해줄 뿐만 아니라 작가의 '의도'가 담겨 있는 경우가 많습니다. 특히 어린이책은 어린이 독자들에게 책을 쓴 의도를 잘 전달해야 하기 때문에 작가가 책을 쓴 이유를 좀 더 명료하게 이야기하는 경향이 있어요. 간혹 작가의 말이 없는 책도 있는데, 그럴 때는 이 부분은 넘어가도 됩니다.

마지막으로 '특징'은 아마도 정리하는 데 가장 어려운 부분일 거예요. 읽은 책의 특징을 말하려면 다른 책을 읽은 경험이 풍부해야 하기 때문이죠. 비교 대상이 있어야 읽은 책의 특징을 말할 수 있을 테니까요. 다른 지식 책을 읽어본 경험이 부족하다면 질문을 통해 책을 좀 더 자세히 보게 해주세요. 그림이나 실린 사진이 잘 보이고 명확한지, 설명은 쉽게 되어 있는지, 어린이를 위해 특별히 신경을 쓴 부분은 무엇이라고 생각하는지 등에 대해 말하게 하면 됩니다.

이렇게 하나하나 살펴본 후 지식 책을 소개하는 말하기를 합니다. 아래와 같은 구성이 되겠지요.

말하기 상황 : 지식 책 읽고 소개하는 말하기	
말하기 구조 : 제목 – 무엇 – 작가 – 의도 - 특징 구체적인 상황 : 『우주 쓰레기』를 읽고	
문장 구조	실제 예시
이번에 읽은 책의 제목은요,	이번에 읽은 책의 제목은요, 『우주 쓰레기』예요.
무엇에 대해 썼느냐면요,	무엇에 대해 썼느냐면요, 우주에 쓰레기가 생기는 이유, 청소하는 방법 등에 대해 나와 있어요.

이 책을 쓴 작가는요,	이 책을 쓴 작가는요, 어린이책 작가 교실에서 어린이책 글쓰기를 배우고 지금은 과학 도시 대전에 살면서 과학 도서를 많이 쓰는 분이에요.
이 책을 쓴 목적은요,	이 책은 더 이상 우주 쓰레기 문제를 모른 체할 수 없어 썼다고 해요.
이 책만의 특징이 있어요.	이 책은 그림이 정말 우주에 있는 것처럼 책 전체에 그려져 있어서 읽으면서 신기했어요.

　어떤가요? 지식 책을 읽고 책의 전체적인 것을 소개하는 멋진 말하기가 되었습니다. 몇 번 하다 보면 지식 책을 읽으면서 자연스럽게 제목, 부제, 목차, 작가 소개, 작가의 말을 유심히 읽게 될 거예요. 말하기를 하면서 다시 훑어보는 효과도 있고요.

　저는 독서 교실에서 지식 책 읽고 소개하는 말하기를 어린이들과 자주 해요. 말하고 나면 확실히 책의 내용을 더 잘 이해하곤 합니다. 책의 본문만 보는 게 아니라 전체를 보는 습관도 들어 좋습니다.

06
지식 책 읽고
비평하는 말하기

어린이책은 어린이를 위해 만들어진다는 당연한 말에 가끔 의심이 들 때가 있습니다. 바로 '정말 어린이를 위해 만들어진 책이 맞을까' 하는 생각이 드는 책을 만났을 때입니다. 24년간 독서 수업을 하면서 수많은 어린이책을 읽다가 알게 된 게 있어요. 바로 어린이책은 어린이만을 위해 만들어지지 않는다는 거예요. 이야기책보다는 주로 지식 책이 그렇습니다.

어린이책은 다른 책과 달리 조금 독특해요. 바로 독자가 두 사람이라는 것이지요. 어린이 지식 책 작법서에도 읽는 사람은 어린이지만 구입하는 사람은 부모님이기 때문에 두 독자를 모두 만족시켜야 한다는 것이 상식처럼 강조돼 있어요. 숨어 있는 독자인 부모님들을 위해 넣어야 할 요소나 구성이 있을 수밖에 없습니다. 그런 부분은 당연히 어린이들의 흥미를 끌 수 없으니 읽지 않고 넘어가거나 그 책 자체를 좋아하지 않게 만들 가능성이 큰데도 말이에요. 이밖에 어린이가 읽기에 무리인 지식 책도 있습니다.

지금까지 수많은 지식 책을 읽어온 제 결론을 말씀드리면, '어린이 독자'에 대한 이해가 부족한 경우가 많습니다. 특히 용어를 풀어내지 않은 책이 많았어요. 지식 책은 무엇보다 용어가 중요합니다. 예컨대 어린이 경제 도서라면 경제 관련 용어를 쉽게 풀어내야 하는데, 그렇지 않은 경우도 종종 봅니다.

이러한 이유로 어린이 지식 책 중 어린이가 정말 즐기며 볼 만한 책을 고르는 것은 정말 쉽지 않습니다. 어린이가 책이 어렵다거나 재미없다고 할 때 무작정 잘 읽으라고만 할 수 없는 이유입니다. 그래서 어린이 지식 책을 고를 때는 어른들의 특별한 지혜가 필요합니다. 무엇보다 어린이에게 책에 대해 자유롭게 말할 권리를 줘야 합니다. 앞서 이야기책을 비평하는 말하기에서 언급한 것처럼 지식 책 또한 스스로 비평해볼 줄 알아야 하는 것이죠.

지식 책 역시 형식과 내용 면에서 두루 살펴보고 먼저 자유롭게 대화하는 것이 중요해요. 형식 부분은 이야기책 비평 말하기와 비슷합니다. 내용의 경우, 초등학생에게 필요하고 이해하기 쉽게 잘 쓰여있는지를 중심으로 살펴보면 됩니다.

형식	내용
· 제목이 내용과 어울리나요? 관심을 끌 만한 제목인가요? · 표지 그림이 매력적이고 책 내용에 호기심을 갖게 하나요? · 삽화는 내용과 잘 어울리나요? · 삽화의 양은 적절한가요? · 글자의 크기나 색은 적당한가요?	· 초등학생이 이해하기 쉬운 단어로 쓰여있나요? · 내용이 이해하기 쉽게 쓰여 있나요? · 초등학생에게 필요한 내용인가요? · 전하는 내용의 양이 적당한가요?

정돈된 말하기를 위해서는 먼저 위 질문의 답을 생각해 자유롭게 말하게 도와주면 어린이 독자들은 독자로서 존중받는다고 느낄 거예요. 무조건 잘 읽고 잘 이해해야 하는 수동적 독자를 위한 질문이 아니니까요.

어린이들과 독서 수업을 하면서 이렇게 책 자체를 비평하는 말하기를 하면 처음 받아보는 질문에 어린이들이 놀라워하는 것을 볼 수 있습니다. 책의 형식과 내용을 판단한다는 것 자체를 낯설어하기도 합니다. 그래도 계속 반복하다 보면 어느새 능동적으로 책을 대하는 모습을 볼 수 있어서 뿌듯합니다.

다만, 너무 어려운 책을 읽게 한 후 비평하는 것은 삼가야 합니다. 이는 이야기책 말하기와 마찬가지예요. 비평은 객관적이어야 하는데 읽기 싫은 책, 어려운 책을 읽으면 객관성을 잃을 수밖에 없기 때문입니다. 무엇보다 스스로 골라 읽은 책으로 시작해야 합니다.

물론 초등학생 어린이의 책 비평이 전문가의 비평처럼 완전하게 객관적일 순 없습니다. 지식 책 읽고 비평하는 말하기의 목적은 그동안 책을 좀 더 능동적으로 대하는 태도를 기르기 위한 것이므로 완벽한 비평보다는 책을 읽어온 경험을 바탕으로 이 책은 어땠는지 그 감정을 폭넓게 나누어본다는 시각에서 접근하면 좋겠습니다.

앞의 질문을 바탕으로 충분히 대화했다면 정돈해서 말하기를 해야겠죠? 말하기 구조는 이야기책 비평과 같습니다. 형식, 내용에 대해 충분히 비평한 후 말한 내용을 모아 아래와 같은 구조로 깔끔히 말하게 해주세요.

말하기 상황 : 지식 책 읽고 비평하는 말하기	
말하기 구조 : 책 제목 – 내용 소개 – 형식 비평 – 내용 비평 – 결론 구체적인 상황 : 『안녕, 태극기』를 읽고 비평하는 말하기	
문장 구조	**실제 예시**
오늘 비평할 책은요,	오늘 비평할 책은요. 『안녕, 태극기』라는 책이 에요.
이 책의 내용은요,	이 책의 내용은요, 태극기가 생겨났을 때부터 태극기가 무엇인지까지 이야기하고 있어요.
이 책의 형식 면에서 좋은 점과 아쉬운 점이 있습니다.	이 책의 형식 면에서 좋은 점과 아쉬운 점이 있습니다. 좋은 점은 그림이 멋져서 감탄이 나온다는 거예요. 아쉬운 점은 글자가 좀 작은 것 같아요.
이 책의 내용 면에서 좋은 점과 아쉬운 점이 있습니다.	이 책의 내용 면에서 좋은 점과 아쉬운 점이 있습니다. 태극기에 대해 자세히 알려줘서 좋았어요. 하지만 조금 어려운 말이 많았어요.
결론적으로	결론적으로 이 책은 우리 태극기를 잘 알려주는 책이니까 한번 읽어보세요.

이렇게 지식 책을 읽고 비평하는 말하기를 하다 보면 다른 책을 읽을 때도 무조건 흡수하듯 읽는 게 아니라 여러 각도로 살펴보며 읽을 수 있을 거예요.

친구와 말하기

: 건강한 인간관계를 위한 소통법

01
공감하는
말하기

지금은 좀 사그라들었지만, 한때 어른, 어린이 할 것 없이 MBTI가 유행이었습니다. 어린이들도 MBTI 관련 책이라면 성인 책도 사서 보면서 흥미로워했어요. 자신을 소개하라고 하면 MBTI로 해도 되느냐고 물을 정도로 MBTI는 자기를 표현하는 강력한 수단이 되었습니다. SNS 대문에 자신의 MBTI를 걸어놓고 짧고 굵게 자신을 표현하고 싶어 하는 사람도 많습니다.

MBTI는 네 가지 지표를 바탕으로 한 총 16가지 심리 유형으로 나뉘는데, 사람들은 이 중에서 사고-감정(T-F) 지표를 매우 흥미로워합니다. 보통 공감하거나 위로해주는 말을 하거나 상대의 기분에 공감해서 반응해주지 않고, 있는 그대로 말하는 사람들을 보면 "너 T야?"라며 서운함을 표현합니다. 하지만 정작 'T'들은 그저 현실 대응을 했을 뿐이라며 억울해합니다.

물론 MBTI 유형에 'T'가 들어간다고 해서 공감력이 부족하다고 단언하기는 어렵습니다. 일반화할 수도 없죠. 게다가 요즘은 그저 자신이 원하는 답을 해주지 않으면 마치 상대가 문제인 것처럼 몰아붙이며 던지는 말이 되어버렸어요. 그런데 여기서 우리가 알 수 있는 사실이 하나 있습니다. 바로 사람은 누구나 '공감'을 바란다는 거예요.

공감을 해주지 않아서 생기는 갈등은 모든 인간관계에서 나타납니다. 부모가 자식을, 자식이 부모를, 그리고 부부가 상대를 이해하고 공감하지 못해 서로를 탓하기도 하고 원망도 하면서 그렇게 미워하고 또 갈등을 겪게 되죠. 사람이 살면서 생기는 많은 고민 중 하나가 아마도 인간관계에서 비롯된 것일 거예요. 그 원인은 대개 공감하지 못하는 데 있으며, 그 전제는 이해의 결여가 아닐까 합니다.

그렇다면 '공감하는 말하기'가 왜 그렇게 어려운 걸까요? 저는 기본적으로 타인은 나와 다르기 때문이라고 생각합니다. 너무 당연한 이야기죠? 사실 상대를 '이해'한다고 말하지만 다른 사람의 마음을 온전히 이해하긴 어렵습니다. '나도 겪어봐서 알아'라는 말에 때로는 거부감이 느껴지는 이유입니다. 완전히 같은 경험이란 있을 수 없으며, 그렇기에 상대를 완벽히 이해할 순 없습니다.

그런데도 우리는 공감하고 또 이해하는 연습을 해야 한다고 많은 이들이 말합니다. 공감 대화, 소통 대화에 많은 사람이 관심을 가지는 이유입니다. 어린이들 또한 예외는 아닙니다. 친구들과 갈등을 겪는 모습을 지켜보면 '공감 대화'의 부재 때문인 경우가 많습니다. 비록 비교적 공감 능력이 부족하게 태어났더라도 '나는 원래 이래'라고 말할 게 아니라 배우고 익혀야 합니다. 그래야 가족 구성원은 물론 사회에서도 사람들과 원만한 관계를 이뤄 나갈 수 있습니다.

다음 사례는 제가 수업하는 작은 공간 안에서 자주 목격하는 일입니다.

😤 야, 비켜.
😊 네가 비켜.
😤 아, 지나간다고.
😊 저리로 가면 되잖아.

이런 단순한 다툼도 종종 목격해요.

선생님, 여기 나온 아이가 너무 슬퍼 보였어요.

야, 그게 뭐가 슬퍼.

…….

책을 읽고 이야기를 나눌 때 감상은 사실 저마다 다른 법이지요. 그래서인지 책에 대한 감상을 말할 때 공감하지 못하는 사례를 어렵지 않게 봅니다. 자신이 그렇게 느끼지 않으니 상대가 느끼는 감상이 이해되지 않는 것이죠. 위와 같은 상황에서 핀잔을 들은 어린이의 기분이 좋을 리 없습니다. 이번엔 어린이들이 상대의 말에 공감하는 법을 배울 수 있는 말하기에 대해 서술해보겠습니다.

우선 대화할 때 중요한 것은 상대의 감정을 알아차리는 것입니다. 서로 가까운 관계이거나 같은 상황을 겪으면서도 의외로 상대의 감정을 알아차리지 못하는 경우가 많습니다. 알아차리려면 상대의 말과 행동, 또는 표정을 잘 관찰해야 합니다. 다음으로 상대가 겪었을 상황을 듣고 이해해야 합니다. 그리고 상대의 마음에 공감해야 합니다. 완전히 이해하지 못할지라도 앞서 이야기한 대로 인간관계에서 공감은 의도적으로 배워 익혀야 하는 것이므로 우선 공감해주는 것이죠.

마지막으로 대안을 제시합니다. 상대의 기분을 살펴 그에 맞는 대안을 제시하는 겁니다. 여기서 말하는 대안은 묘안이나 완전한 해결책을 의미하지 않습니다. 그저 상대의 감정을 위로해주는 차원의 가벼운 대안입니다. 실제로 상대는 공감과 위로를 원하는 것이지 대단한 해결책을 바라는 게 아니거든요.

좀 더 이해하기 쉽게 정리해볼까요.

· 나는 네가 느끼는 감정을 알아. 지금 네 감정이 그렇구나.
(감정 인지)

· 그런 상황을 겪었구나. (상황 이해)

· 너의 표정을 보니 나도 그 마음이 느껴져. (공감)

· 좀 쉬면 어때? (대안 제시)

두 어린이가 대화하는 상황을 사례로 들어보겠습니다. 상대가 화가 난 상황입니다.

(한 어린이가 친구한테 놀림을 받아 화가 난 상황)

아, 정말 화난다.

무슨 일 있어? 정말 화나 보여. (감정 인지)

😊 아까 김○○이 내 머리 모양이 웃긴다면서 놀렸어.

😊 아, 김○○이 놀렸구나.(상황 이해)

😊 어, 걔는 맨날 왜 그런지 몰라.

😊 나라도 화났을 것 같아. 외모로 놀리면 안 되지.(공감)

😊 걔랑 또 안 마주치고 싶다.

😊 나라도 그럴 것 같아. 우리 아이스크림이나 사 먹으러 갈까?
　　(대안 제시)

다음은 상대가 기뻐하는 상황입니다.

(한 어린이가 생일 선물을 받아 기분 좋은 상황)

😊 나, 선물 많이 받았어!

😊 와, 정말 기뻐 보여.(감정 인지)

😊 선물이 다 좋았지만, 아빠의 선물이 최고였어. 계속 조르던 스
　　마트폰을 사주셨거든.

😊 우와, 스마트폰을 사주셨구나!(상황 이해)

😊 이번 생일을 잊지 못할 것 같아.

😊 나라도 그럴 것 같아.(공감)

😊 생일은 참 좋은 것 같아.

좋지 않은 감정은 물론 기쁜 감정에 대해서도 공감해주기란 사실 쉬운 일이 아니에요. 분명 자신의 감정이 있는데 상대에게 공감해주어야 하기 때문이죠. 하지만 인간관계는 늘 일방적이지 않습니다. 내가 다른 사람을 이해하고 공감해줘야, 그들도 나에게 공감해줄 수 있다는 사실을 우리 어린이들이 알고, 공감하는 말하기를 일상화하면 좋겠습니다.

앞의 네 가지는 상황에 맞게 필요하지 않은 것은 빼고 순서를 바꿔가며 융통성 있게 사용하게 해주세요. 대화가 늘 사례로 든 것처럼 딱딱 진행되지는 않으니까요.

02
자신의 잘못을
사과하는 말하기

사람들과 관계를 맺으며 살아가다 보면 본의 아니게 다른 사람에게 실수를 저지르거나 잘못을 하는 경우가 있습니다. 실수했거나 잘못했다면 사과해야 하는데, 생각보다 사과는 하기도, 받기도 쉽지 않습니다.

한창 관계를 배워가는 어린이들은 더욱 그렇습니다. 우선은 나의 행동이나 말로 인해 친구가 겪었을 감정과 마음을 인지하는 게 쉽지 않아요. 인지해도 이해하는 게 쉽지 않을 수도 있어요. '그게 그렇게 화날 일인가?'라고 생각하기 쉽다는 거죠. 상대의 마음을 이해하더라도 내 행동이나 말의 잘못을 인정하는 것은 참 어렵습니다. 정말 명확한 큰 잘못이 아니라면 사실 인간관계에서 소소하게 일어나는 갈등은 무 자르듯 옳고 그르다고 말하기가 쉽지 않아요.

마지막으로, 자기 잘못을 인정했더라도 성숙한 사과의 말을 하는 데는 큰 용기가 필요해요. 자신이 잘못했더라도 막상 사과를 하려면 부끄러운 마음도 들고, 상대가 받아주지 않으면 어쩌나 두렵기도 합니다. 어떤 잘못을 했느냐에 따라 단순히 사과하는 데 그치지 않고 책임을 져야 할 수도 있어요. 이런 경우, 그 책임에 대한 부담감 또한 있을 거예요.

다음은 어린이들이 대화하는 모습을 관찰하면서 종종 보는 모습이에요.

(잘못을 인정하지 않는 경우)
🧑 야, 너 왜 내 이름을 이상하게 불러?
👧 내가 언제?

(전제를 달아 사과하는 경우)
🧑 야, 내 지우개 왜 그냥 가져가?
👧 기분 나빴다면 미안해.

(잘못을 전가하는 경우)

😊 왜 툭 치고 지나가는 거야?

😐 네가 지금 하필 여기로 지나갔잖아.

    잘못을 인정하지 않거나, '네가 화났다면'이라는 전제를 달거나, 혹은 잘못을 전가하는 등 다양한 모습입니다. 상황이 이렇게 마무리되면 둘의 관계에 문제가 생기기 쉽습니다. 어린이들은 서로 정확한 말로 사과하지 않아도 어느새 다시 함께 어울려 놀기도 해요. 하지만 그렇게 아무렇지 않게 지나가는 것이 습관화되면 관계가 성숙해지기 어렵습니다.

    이러한 이유로 사과하는 말하기는 꼭 가르쳐야 합니다. 그전에 주의해야 할 게 있습니다. 어린이들의 갈등 상황을 지켜보다가 어른이 중재에 나서는 경우가 있어요. 어른의 눈으로 바라보며 잘잘못을 가려 잘못한 쪽이 사과하게 하고, 마무리로 서로 악수시키거나 아이들이 어리면 서로 안아주라며 화해시키기도 하지요. 이는 어린이들의 마음이나 생각을 배려하지 않는 태도입니다. 어린이에게는 어른들의 눈에 보이지 않는 요소들이 있습니다. 무엇보다 관계를 다지는데도 시행착오가 필요하니 적어도 초등학생이 되었다면 서로 잘 해결할 때까지 기다려주는 지혜가 필요합니다.

사과하는 말하기에 꼭 들어가야 할 요소는 다음과 같습니다.

· 사과의 말 전달하기
· 나의 행동 상기하기
· 상대 감정 헤아리기
· 다시 하지 않기를 약속하기

말하기 상황 : 친구에게 사과해야 하는 상황	
말하기 구조 : 사과의 말 – 행동 상기 – 감정 헤아리기 – 약속 구체적인 상황 : 친구의 별명을 불러서 사과해야 하는 상황	
문장 구조	실제 예시
친구야, 미안해.	친구야, 미안해.
내가 ~ 했어.	내가 너의 별명을 불렀어.
너의 마음은 ~것 같아.	이름이 아닌 별명을 불러서 불쾌했을 것 같아.
다음엔 안 그럴게.	다음엔 안 그럴게.

모든 말하기가 그렇지만 사과의 말은 특히 '태도'가 중요합니다. 말은 사과하는 내용이지만 태도나 말투가 미안해하는 것 같지 않다

면 그 사과에선 진정성이 느껴지지 않습니다. 어린이들은 특히 사과하기 쑥스러워서 자신도 모르게 장난스럽게 말하는 경우가 있으니 태도의 중요성을 꼭 알려주세요.

또한 사과는 타이밍이 중요합니다. 잘못하고 나서 즉시 행하는 것이 중요해요. 친구가 너무 화가 나서 흥분한 상태라면 약간 시간차를 두고 하는 것도 좋습니다. 그리고 얼굴을 마주하고 사과해야 진정성이 느껴집니다. 이렇게 사과했는데도 친구가 마음을 풀지 않는다면 시간을 좀 더 갖는 것이 좋습니다. 사실 저는 이 부분이 사과하기 어려운 가장 큰 이유라고 생각해요. 상대가 받아주지 않았을 때의 무안함, 그 무안함은 섭섭함으로 바뀌기도 하죠. 그렇다고 상대의 마음을 내가 어찌할 수도 없는 노릇입니다. 진정한 사과를 했다면 상대의 마음은 상대의 몫이니까요.

자, 그럼 다음 상황을 참고해 어린이와 말하기 연습을 해보세요.

❖ 사과해야 하는 상황

· 실수로 친구 물건을 망가뜨렸을 때

· 친구 흉을 봤을 때

· 친구 물건을 허락받지 않고 사용했을 때

· 친구의 외모를 보고 놀렸을 때

03
친구에게 부탁할 때
필요한 말하기

어느 날 독서 교실에서 재밌는 장면을 목격했습니다.

야! 너……?

미안.

독서 교실에 오자마자 마주친 두 어린이의 대화입니다. 이 짧은 대화의 속사정은 이랬습니다. 전날 두 어린이는 다음 날 오후 4시에 만나 축구를 하자고 약속한 상황이었어요. 그런데 한 친구가 다른 일이 생겨서 약속 장소에 나오지 못한 거예요. 그럼 미리 연락해야 하는데 휴대폰 배터리가 없어서 연락하지 못했어요. 다른 친구는 무려 40분을 기다리다가 집으로 돌아갔다고 합니다.

다음 날 독서 교실에서 만난 두 친구는 마주하자마자 저런 대화를 나눴어요. 저는 질문을 통해 상황을 파악할 수 있었지요. 그런데 문제는 이런 일이 한두 번이 아니었나 봅니다. 약속 시간에 5분, 10분 늦기도 하고 가끔 이렇게 아예 약속 장소에 나오지 않는 일도 있었답니다.

이럴 때 필요한 말하기는 바로 '부탁하는 말하기'입니다. 내 처지나 상황으로 인해 부탁하기도 하지만, 상대의 잘못을 바로잡을 때도 명령보다는 부탁하는 말하기를 하면 관계를 해치지 않으면서도 자신의 의사를 잘 전달할 수 있습니다.

부탁하는 말하기를 할 때 어린이들이 가장 많이 하는 실수는 아래와 같습니다.

"야, 지우개 좀 줘봐."

"좀 비켜봐."

"엄마한테 전화하게 휴대폰 좀 줘봐."

모두 부탁이라기보다는 명령에 가까워 보입니다. 이런 말투라면 흔쾌히 들어줄 수 있는 소소한 부탁도 들어주기 싫은 게 사람 마음 아닐까요? 부탁할 때 가장 중요한 것은 '나의 처지'를 일단 간단히 말하는 거예요. 살아가다 보면 상황에 따라 부탁해야 할 일이 얼마든지 생길 수 있는데, 그럴 때 내 처지를 잘 설명해야 상대도 수긍하고 들어줄 가능성이 큽니다.

또 다른 실수는 너무 낮은 자세로 자신감 없이 말하는 거예요.

"있잖아. 혹시……?"
"혹시, 내가 하는 말 좀 들어줄……래?"

부탁하려면 약간 미안한 마음이 들기 마련이라 이렇게 말하기 쉬워요. 이렇게 부탁하는 경우, 사실 명령만큼이나 들어주기 쉽지 않습니다. 상대에게 지나친 부채감을 주는 것처럼 느껴지니까요.

마지막으로, 부탁하지 말아야 할 일도 있습니다. 우선 한 가지는 '부탁하지 않아도 되는 당연한 일'입니다.

"나하고 놀아줄 수 있어?"

친구는 서로 동등한 관계이지요. 사실 이런 부탁은 아무래도 관계에서 약자 입장, 즉 자존감이 낮은 경우에 하게 됩니다. 친구와 노는 것은 서로 시간과 마음을 맞춰보고 가능하면 하는 것이고 아니면 거절할 수 있는 일이라는 것을 알려주세요.

또 한 가지는 '무리한 부탁'입니다.

"너, 나 휴대폰 하루만 빌려줄 수 있어?"
"너, 그 아이랑 절교하면 안 돼?"

이런 부탁은 하지 말아야 합니다. 가끔 무리한 줄 알면서도 부탁하는 사람들이 있는데, 저는 오히려 더 들어주지 않습니다. '염치없지만', '무리한 부탁인 줄 알지만'이라는 단서를 달아야 한다면 말을 꺼내지도 말아야 한다고 생각합니다. 상대에게 엄청난 부담일 수 있거든요. 어린이에게 이런 점들을 미리 알려주세요.

그럼 부탁하는 말하기는 어떻게 해야 할까요? 우선 내 상황과 처지를 간략히 말하고 부탁하는 말을 합니다. 그리고 가장 중요한 점인데, '상대의 거절'도 인정한다는 마지막 말을 하면 됩니다. 부탁은 거절을 전제로 한다는 당연한 사실을 인정해야 거절당해도 너무 서운해하지 않을 수 있으니까요.

- · 나의 처지 설명
- · 부탁하는 말
- · 거절 인정

말하기 상황 : 친구에게 부탁해야 하는 상황	
말하기 구조 : 처지 설명 – 부탁 – 거절 인정 구체적인 상황 : 물감을 빌려야 하는 상황	
문장 구조	실제 예시
나의 처지 설명	내가 아침에 급하게 나오느라 물감을 못 가지고 왔어.
부탁하는 말	혹시 같이 쓸 수 있을까?
거절 인정	불편하다면 괜찮아.

이 정도 부탁의 말이라면 무리한 부탁이 아닌 이상 들어줄 가능성이 큽니다.

자, 그럼 연습해볼까요? 아래 상황 중 한 가지를 고르거나 어린이가 직접 상황을 설정해도 좋습니다.

✿부탁해야 하는 상황

· 물건을 빌려야 할 때

· 모르는 것을 물어봐야 할 때

· 친구가 약속을 잘 지키지 않을 때

· 화장실이 급해서 먼저 들어가야 할 때

· 친구 휴대폰을 빌려 엄마에게 전화해야 할 때

· 나의 말을 집중해서 듣지 않을 때(대화 중)

· 친구가 떠들어서 선생님 말씀에 집중할 수 없을 때

04
무례한 친구의 말에 대응하는 말하기

어느 날 민선이가 원피스를 입고 왔습니다. 다른 어린이가 민선이를 보자마자 "너 왜 보자기를 입고 왔어?"라고 말했어요. 순간, 민선이의 표정을 살필 수밖에 없었습니다. 민선이는 예상대로 표정이 일그러졌고 "야!" 하고 외치더니 친구를 흘겨봤습니다. 상황이 여기에서 끝났으면 참 좋았을 텐데, 같은 장소에 다른 어린이들이 있으면 일이 더 커지기 쉽습니다. 또 다른 어린이가 동조할 수도 있거든요. 아니나 다를까 또 다른 어린이가 그 말을 듣고 민선이를 보더니 "진짜 보자기 같네"라고 말했고, 민선이는 울상이 되었습니다.

사실 어린이들은 악의가 있다기보다 자신이 하는 말이 문제인 줄 모르고 하는 경우가 많습니다. 보이는 그대로, 생각한 그대로 말하는 거죠. 다만 상대가 그 말에 당황하거나 불편한 기색을 보이면 사과하거나 멈춰야 하는데, 이를 눈치채지 못하는 경우가 있어요. 당황한 어린이가 화를 내면 같이 화를 내며 상황이 마무리되기도 합니다.

원만한 관계를 유지하기 위해 어린이들이 무례한 상황을 마주했을 때 어떻게 말해야 할지 알아보겠습니다. 사실 어른인 저도 상대의 무례함에 당황해서 적절하게 대처하지 못했던 기억이 있습니다. 상대의 무례함은 마치 갑자기 내리는 소나기처럼 훅 지나쳐 가기 때문에 소나기에 젖은 자기 모습을 보고서야 '아, 얼른 몸을 피할걸'이라고 생각하게 되거든요. 어린이들도 마찬가지일 거예요. 어린이들이 무례함에 잘 대처해서 자신을 보호하면 좋겠습니다.

상대가 무례한 말을 하면 먼저 상대에게 그 사실을 인지시켜줄 필요가 있습니다. 앞서 이야기했듯 자기가 무례한 말을 했다는 것조차 모르는 경우가 많아요. 상대에게 이를 인지시켜주려면 다음과 같이 하면 됩니다. 상대의 눈을 몇 초간 바라본 뒤 상대가 한 말을 그대로 다시 이야기해서 돌려줍니다. 그리고 그 말을 들었을 때 나의 마음을 말합니다. 상대에게 그 말을 하면 안 되는 이유를 말하고요. 마지막으로 그 말을 하지 말아 달라고 당부하는 말을 합니다.

·상대 말을 되돌려주기
·나의 마음 명확히 말하기
·그 말이 나쁜 이유 말하기
·하지 말 것 당부하기

이를 사례로 구성하면 아래와 같습니다.

말하기 상황 : 무례한 말에 대응하는 말하기

말하기 구조 : 되돌려주기 – 나의 마음 – 나쁜 이유 – 당부
구체적인 상황 : 자기 원피스를 보고 '보자기' 같다고 한 상황

문장 구조	실제 예시
지금 ~라고 한 거야?	지금 내 원피스가 보자기 같다고 한 거야?
그 말을 들으니 내 마음은	그 말을 들으니까 참 당황스럽고 화가 난다.
그 말이 나쁜 이유는	그런 말은 이 옷을 사주신 우리 엄마에게도 기분 나쁜 말일 거야.
앞으로 그렇게 말하지 말아줘.	앞으로 그렇게 말하지 말아줘.

크게 감정을 드러내지 않으면서 해야 할 말을 간결히 또박또박 말하면 상대는 자신이 한 말이 무례하다는 것을 인지할 거예요. 그리고 그 말을 앞으로 다시는 하지 말 것을 당부하면 상황이 잘 마무리됩니다. 사실 첫 번째 과정인 '상대의 말 되돌려주기'만 잘해도 상대가 자기 잘못을 인식할 수 있어요. 무례한 말에 대응하는 말하기를 어려워한다면 그것만이라도 꼭 기억하게 해주세요.

앞서 이야기했듯 친구들의 무례한 말을 갑자기 마주하면 당황해서 화를 내거나 아무 말도 못 할 가능성이 있어요. 미리 연습해보면 좋겠습니다. 어린이들이 자주 경험할 만한 아래 내용 중 한 가지를 골라 연습하도록 해주세요. 어린이가 직접 경험한 사례를 이야기해보자고 하면 더 좋겠지요?

❖ 무례한 말 사례 예시

· 너는 왜 이렇게 키가 작아?

· 네가 입은 옷은 촌스러운 것 같아.

· 너는 왜 그런 애랑 놀아?

· 공부도 별로 안 했는데, 시험 잘 봐서 참 좋겠네?

05
상대방의
무리한 부탁을
거절하는 말하기

많은 이들이 거절하는 게 어렵다고 말합니다. 가장 큰 이유는 거절하면 상대와의 관계에 문제가 생길까 봐 염려하기 때문이 아닐까 합니다. 거절했는데 상대의 뜻하지 않은 부정적인 반응을 한 번이라도 겪었다면 거절하기가 더 쉽지 않을 겁니다. 사실 그건 상대의 문제인데, 아무래도 마음에 남을 수밖에 없지요.

거절이라는 단어를 떠올리자마자 독서 교실에서 저와 함께 공부했던 몇몇 어린이들이 떠오릅니다. 4학년이었던 한 어린이는 친구들에게 다소 끌려다니는 편이었어요. 처음 어린이의 어머니를 만났을 때도 어머니가 그런 이야기를 하며 아이가 마음의 상처가 많다고 말씀하셨습니다. 실제로 어린이와 만나 많은 이야기를 나누어보니 친구들의 요구를 좀처럼 거절하지 못하더라고요. 친구들에게 외면 당할까 봐 두려워하는 거였어요.

두려움의 근원은 평소 친구들에게 놀림을 받는 것이었습니다. 이 어린이는 외국에서 살다가 이사를 왔는데, 그 이유 하나로 친구들이 놀렸고, 그러다 보니 친구가 없어질까 봐 걱정되는 마음에 거절하기를 어려워하는 거였습니다. 안타까운 것은 그런 생각을 잘 아는 주변 친구들이 점점 더 교묘하게 무리한 요구를 하고, 요구에 응하지 않으면 같이 놀지 않아서 어린이를 더 힘들게 했다는 거예요.

안타깝게도 비슷한 일을 겪는 어린이들을 종종 만납니다. 그럴 때마다 심사숙고해 조언해주지만 항상 마음이 편치 않습니다. 거절의 문제는 관계의 불평등 문제와 맞닿아 있을 수 있습니다. 그러한 이유로 건강한 관계를 만들어 나가기 위해서라도 거절하는 말하기를 배워야 합니다.

우선 거절해야 하는 상황은 두 가지로 나눠볼 수 있습니다. 한 가지는 무리한 요구를 거절하는 것, 또 한 가지는 무리한 요구는 아니지만 상황상 들어주기 어려운 요구를 거절하는 경우입니다. 개인적으로 저는 무리한 요구에는 응답할 필요가 없다고 생각합니다. 무리한 요구 자체가 무례한 것이니까요. 다만 그렇지 않은 경우라면 상황에 맞는 거절하는 말하기가 필요합니다. 상대가 어떤 것을 제안했는데 할 수 있는 상황이 안 된다면 거절하되, 단도직입적으로 거절하기보다는 상황에 맞게 이야기하는 것이 좋습니다. 상대가 어떤 것을 요구했는지 먼저 확인하는 말을 하고, 거절하는 말과 함께 거절할 수밖에 없는 이유를 설명합니다. 그리고 대안을 제시하는 겁니다.

- 상대 요구 확인
- 거절의 말
- 이유 설명
- 대안 제시

이 내용대로 말한다면 아래와 같습니다. '학교 끝나고 문구점에 가자는 친구'에게 그럴 수 없는 상황을 설명하는 말하기입니다.

말하기 상황 : 친구의 요구를 들어줄 수 없는 상황	
말하기 구조 : 상대 요구 확인 – 거절의 말 – 이유 설명 – 대안 제시 구체적인 상황 : 학교 끝나고 문구점에 가자는 친구에게 거절해야 하는 상황	
문장 구조	실제 예시

지금 ~는 거지?	지금, 학교 마치고 문구점에 가자는 거지?
그런데 지금은 안 될 것 같아.(어려워.)	그런데 지금은 안 될 것 같아.(어려워.)
이유가 있어.	이유가 있어. 학교 마치자마자 독서 교실에 가야 하거든. 바로 가도 겨우 도착할 것 같아.
대신,	대신, 우리 둘 다 시간이 되는 날 가면 어때?

　거절하는 이유와 더불어 대안까지 제시해서 이렇게 차분하게 말하면 친구도 그러자고 할 거예요. 앞서 이야기했듯 관계의 문제로 인해 거절하는 것을 어려워하는 사람이 많습니다. 만약 이렇게 설명했는데도 상대가 좋지 않은 반응을 보인다면 그건 그 사람의 마음에 문제가 있는 거라는 점을 알려줘야 합니다.

　위와 같이 말했는데 '칫, 너 나랑 안 놀고 싶구나'라는 말이 돌아온다면 어떨까요? 학교 마치고 독서 교실에 가야 하는 상황을 말했을 뿐인데, 이렇게 말한다면 그 친구가 왜곡된 생각을 하고 있는 것이지요. 문구점에 같이 가자는데 거절하자 같이 놀고 싶지 않은 것으로 해석하는 것은 그 친구의 마음에 문제가 있는 것입니다. 이런 상대의 마음까지 책임지거나 해결해줄 수 없다는 것도 차분히 알려주세요.

중요한 것은 거절 자체가 아니라 태도입니다. 말은 첫마디가 무엇보다 강렬하게 받아들여집니다. '싫어'라는 말부터 하거나 '안 돼'라고만 하고 그냥 간다면 상대가 섭섭하게 느끼는 게 당연합니다.

그렇다고 너무 위축될 필요는 없습니다. 거절한다고 해서 너무 미안해하거나 수그리는 모습을 보인다면 상대가 부담스러워할 수도 있습니다. 상황에 맞지 않아 거절해야 한다면 자연스럽게 이야기할 수 있도록 도와주세요.

아래의 여러 거절 상황 중 어울리는 것을 골라 연습해보세요.

❖거절해야 하는 상황

· 친구가 놀자고 하는데 학원에 가야 할 때

· 친구가 연필을 빌려달라고 하는데 내 것밖에 없을 때

· 친구가 놀자고 하는데 하고 싶지 않은 놀이일 때

· 저녁을 먹어야 하는데 친구가 전화를 끊지 않을 때

· 생일 초대를 받았는데 가족과 여행 가는 날일 때

자신을 한껏 표현할 수 있는 아이로 자란다는 것

우리 어린이들은 무엇이든 잘해야 하는 시대에 살고 있습니다. 매일 공부 습관을 들이는 것부터 시작해 국어, 영어, 수학 등 모든 것을 잘해야 한다고들 말합니다. 이런 분위기 속에서 자라는 어린이들의 부담감이 꽤 크지 않을까 종종 생각합니다.

누구나 말하듯 학벌, 학위는 물론 중요합니다. 하지만 그보다 더 중요한 것은 자기표현 능력이에요. 자신의 생각과 지식과 마음을 또박또박 말해야 비로소 빛이 나는 것이지요. 이미 그런 사람이 주목받는 시대가 되었습니다. 특히나 지금처럼 인간보다 똑똑한 AI가 등장해 지식의 영역을 차지해가는 상황에서는 더욱 '인간만의 주체적인 사고와 그것을 표현할 수 있는 능력'이 필요합니다. 바로 이것이 인간이 AI와 다른 점이기도 하지요.

말을 잘한다는 것은 결국 자기 자신에게 더 가까워지는 일이라고 저는 확신합니다. 아이들과 책을 가운데 두고 서로 이야기를 주고받다 보면 한바탕 열띤 토론을 할 때가 있습니다. 그래서 가끔 언성이 높아지기도 하지만, 이런 수업을 아이들은 대체로 좋아합니다. 그 이유가 무엇인지 생각해보면 아마도 자신을 한껏 표현할 수 있기 때문이 아닐까 합니다.

말 잘하는 아이는 똑똑한 아이가 아니라 자기다운 아이라는 것을 기억해주세요. 언젠가는 자녀를 품에서 떠나보낸다고 생각하면 마음이 분주하고 수많은 걱정거리들이 떠오를 겁니다. 이런 마음을 가라앉히고 오늘부터 차근차근 말 잘하는 능력을 키워주세요. 그렇게 자신을 들여다보며 자란 어린이는 어디 가서든 잘 살 수 있을 거예요. 그런 어린이, 그리고 함께 도울 어른 모두를 응원하고 지지합니다.

똑 부러지게 핵심을 말하는 아이

초판 1쇄 발행 2024년 10월 16일
초판 3쇄 발행 2024년 11월 29일

지은이 오현선
펴낸이 최순영

출판1 본부장 한수미
라이프 팀장 곽지희
편집 김소현
디자인 STUDIO BEAR

펴낸곳 ㈜위즈덤하우스   **출판등록** 2000년 5월 23일 제13-1071호
주소 서울특별시 마포구 양화로 19 합정오피스빌딩 17층
전화 02) 2179-5600   **홈페이지** www.wisdomhouse.co.kr

ⓒ 오현선, 2024

ISBN 979-11-7171-714-9 13590